我的"中国心"

会分身术的量子

刘征宇 著 葛大芃 绘

时代出版传媒股份有限公司
安徽少年儿童出版社

图书在版编目（CIP）数据

我的“中国芯”. 会分身术的量子 / 刘征宇著；葛大芃绘. — 合肥：安徽少年儿童出版社，2023.5
ISBN 978-7-5707-1896-2

Ⅰ. ①我… Ⅱ. ①刘… ②葛… Ⅲ. ①芯片 - 青少年读物②量子 - 青少年读物 Ⅳ. ①TN43-49②O4-49

中国国家版本馆CIP数据核字（2023）第061270号

WO DE ZHONGGUO XIN HUI FENSHENSHU DE LIANGZI
我的“中国芯”·会分身术的量子

刘征宇 著
葛大芃 绘

出 版 人：张 堃　　策划编辑：邵雅芸 丁 倩　　责任编辑：方 军
责任校对：王 姝　　责任印制：朱一之
出版发行：安徽少年儿童出版社　E-mail:ahse1984@163.com
新浪官方微博：http://weibo.com/ahsecbs
（安徽省合肥市翡翠路1118号出版传媒广场　邮政编码：230071）
出版部电话：（0551）63533536（办公室）　63533533（传真）
（如发现印装质量问题，影响阅读，请与本社出版部联系调换）
印　　制：合肥华星印务有限责任公司
开　　本：710 mm × 1000 mm　1/16　印张：10　字数：105千字
版　　次：2023年5月第1版　2023年5月第1次印刷

ISBN 978-7-5707-1896-2　定价：35.00元

目录

人物介绍

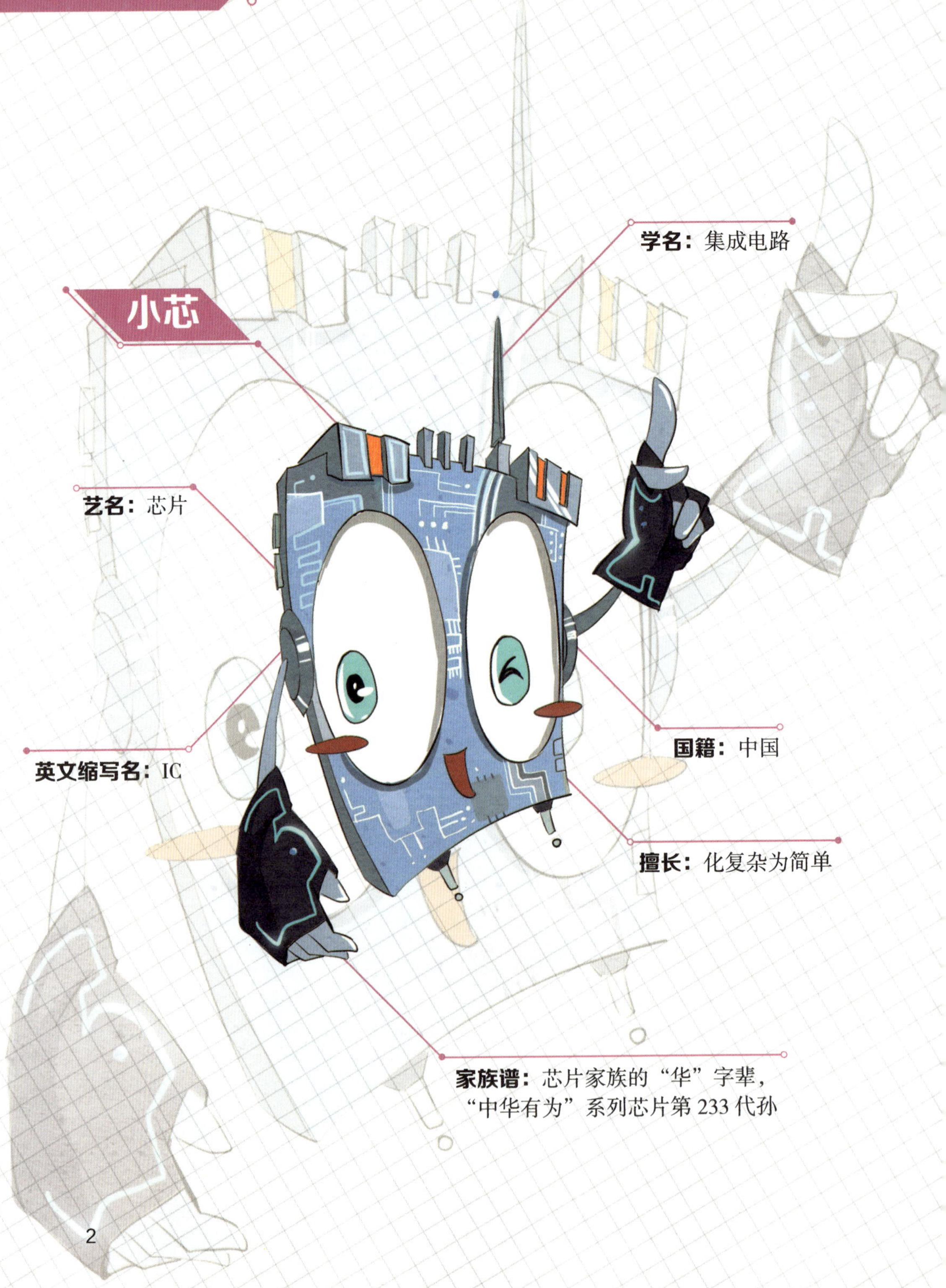

小芯
学名：集成电路
艺名：芯片
英文缩写名：IC
国籍：中国
擅长：化复杂为简单
家族谱：芯片家族的“华”字辈，
“中华有为”系列芯片第 233 代孙

认识小芯前，蛋蛋是个在学习上总想走捷径、有些偏科的调皮蛋，受工程师爸爸的影响，对信息技术方面的知识非常感兴趣。和同班同学阿呆、南柯是关系超好的“铁三角”。

蛋蛋

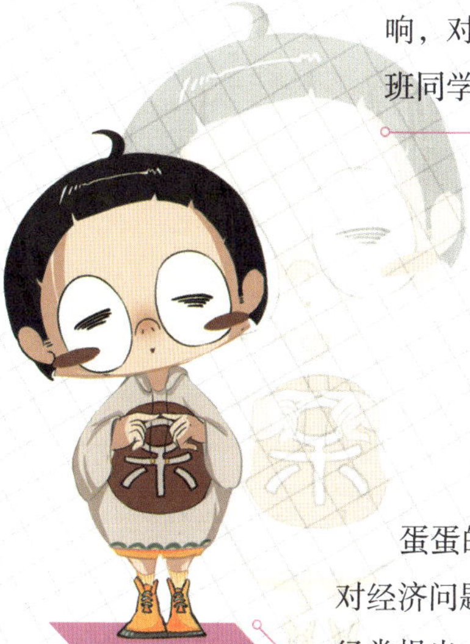

蛋蛋的同班同学、“铁三角”中的“小气鬼”，对经济问题有自己独到的见解，爱发呆，爱幻想，经常提出一些天马行空、让人哭笑不得的问题。

阿呆

蛋蛋的同班同学、“铁三角”之一，是个德、智、体、美、劳全面发展的学生，喜欢动漫人物柯南，爱思考，善观察。

南柯

第一章 我们的世界

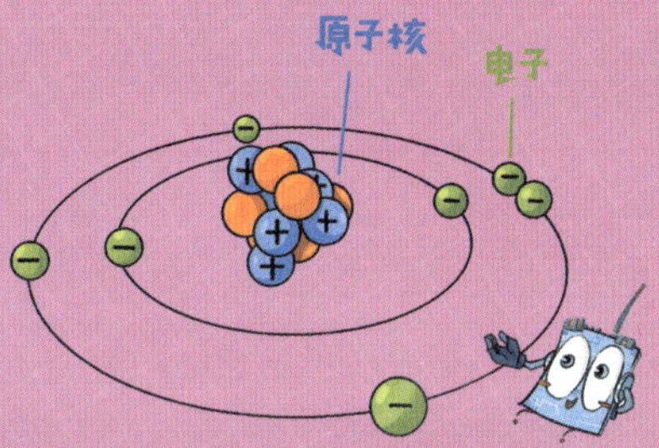

地球上的岩石、动物、植物等一切物体都是由非常微小的粒子构成的，如分子、原子……但是你听说过量子吗？

蛋蛋有两个十分要好的同班同学——阿呆和南柯，他们仨被同学们称为“铁三角”。

最近，阿呆的行为有些怪异。每当课堂上语文老师布置背诵课文的任务时，阿呆就会紧闭双眼，哗啦啦地快速翻书。蛋蛋和南柯问他这是在干什么，阿呆也不告诉他们。放学后，阿呆也不像往常一样和南柯、蛋蛋一起回家了。

南柯和蛋蛋觉得阿呆一定有事情瞒着他们。所以这天放学后，南柯和蛋蛋悄悄地跟在阿呆身后，只见阿呆上了一辆行驶方向与回家的方向相反的公交车，来到一

栋大楼前。一路上，蛋蛋和南柯借助路人的掩护，一直没有被阿呆发现。

南柯和蛋蛋跟着阿呆来到大楼的十五层，只见阿呆进入一扇玻璃门后就消失了。玻璃门后有一个接待柜台，接待柜台旁边还有一块标识牌。在接待柜台背后的墙壁上赫然写着几个大字——量子波动速读班。

“小同学，你是来报名的吧？非常欢迎！”一个戴着黑色边框眼镜的胖阿姨走了过来，热情地拍着南柯的肩膀

说，“这小姑娘一看就很机灵，你知道什么是量子波动速读吗？”

南柯摇摇头。

“让我来给你们介绍一下！”胖阿姨把蛋蛋和南柯拉到一旁的沙发上坐下，开始滔滔不绝地讲起来，“量子波动速读就是用神秘的量子波动力量去感知书本上的知识。经过训练，你们可以开启大脑的潜在功能，不用背诵，只需快速翻书，就能把书中的内容传送进大脑里，转换成动态影像或静止图像，五分钟就能读完一本十万字的书……”

“五分钟读完十万字？那以后完成背诵任务完全不用担心了。”蛋蛋听完胖阿姨的话，两眼放光，激动地说，“量子真神奇！”

“我不信！只有努力学习，才能有收获。”还没等胖阿姨再次开口，南柯就拉着蛋蛋离开了。

回到家后的蛋蛋仍不死心，一进门就高声喊道：“爸爸妈妈，我要报名参加量子波动速读班……”

听完蛋蛋的叙述，坐在沙发上看书的蛋蛋爸抬起头说：“这太不靠谱了。”

“你怎么知道不靠谱？”蛋蛋妈手里拿着一个杯子闻声而来，“现在市场上关于量子的产品不少，昨天我就买了一款量子水杯，说是儿童用了能促进生长发育，老年人用了能延年益寿。”

“你怎么也跟着瞎凑热闹，肯定是上当了！”蛋蛋爸抱怨道，“这不符合科学原理！”

但母子二人并没有理会蛋蛋爸，而是凑到一起嘀嘀咕咕。

“妈妈，这款水杯真有这么神奇吗？我明天就带到学校去用它喝水。”蛋蛋说道。

“好呀，你说的那个量子波动速读班在哪里？妈妈带你去报名。”蛋蛋妈说。

蛋蛋爸拿这对母子没办法，只好用实际行动来给他们答疑解惑——晚饭后，蛋蛋爸主动开车带蛋蛋妈和蛋蛋来到量子波动速读班。没想到，他们晚上也在营业。

刚进门，接待柜台后面的胖阿姨就认出了蛋蛋，说：“这位小同学是来报名的吗？热烈欢迎！你知道吗，量子可是科学家在当今世界发现的最神秘的物质。”

蛋蛋爸并不理会热情介绍的胖阿姨，冷冷地问：“你们这里的负责人是谁？”

“我就是。”胖阿姨说。

这时，蛋蛋爸从衣服口袋里取出一本小巧的书，说：“这是一本《新华字典》，给你五分钟的时间，用你所谓的量子波动速读法背完，然后说一下 216 页有什么字。”

胖阿姨一头雾水地问：“216 页有什么字？”

“216 页有个‘假’字！”蛋蛋爸笑着说道，“连量子是什么都没搞懂，你们这是虚假宣传、借机敛财，我要举报你们。”

“你……”胖阿姨气得脸色通红，连忙拿起电话叫保安。

见情况不对，蛋蛋妈为了避免引发冲突，赶紧拽着蛋蛋爸

和蛋蛋离开了。

回到车上，蛋蛋妈责怪蛋蛋爸道：“你是来砸场子的吧。”

蛋蛋爸说：“我肯定要投诉到市场监督管理局，让他们来处理！这些人用量子来忽悠人，太可恶了！”

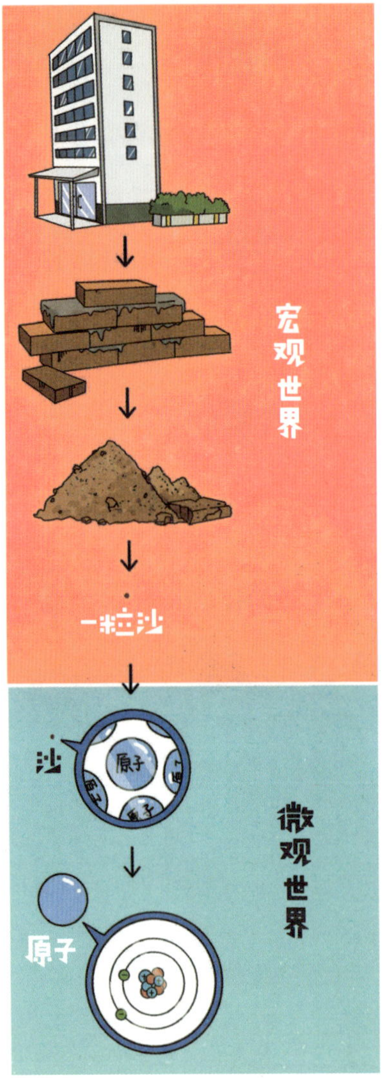

这时，蛋蛋问：“爸爸，那你能告诉我什么是量子吗？”

蛋蛋爸向四周看了看，然后指着街边的一栋楼房，问：“在你的眼中，那是什么？”

“这还用问，那不是楼房吗？”蛋蛋不明就里。

“如果把楼房拆了，你会看到什么？是不是会看到建房用的砖、水泥、钢筋等材料？”蛋蛋爸继续问道。

“是的。”蛋蛋点点头。

“如果继续拆解这些材料，比如说把一块砖头不停地对半切开，最后会剩下什么呢？”蛋蛋爸追问道。

“那就只剩下石头渣儿了。”蛋蛋天真地说。

“没错，如果继续拆解，就会进入肉眼看不到的微观世界，这些石头渣儿就会变成原子。其实你看到的那栋楼房就是由原子搭起来的。原子是构成物质的微小粒子，地球上的海洋、山脉、动物、植物等都是由原子构成的。我们的世界由无数个原子组成。”蛋蛋爸笑着说，“人们通常把看得见的世界称为宏观世界，把看不见的世界称为微观世界。”

这时，蛋蛋妈插话问道：“那看得见的宏观世界是由看不见的微观世界里的原子构成的吗？”

蛋蛋爸点点头，向蛋蛋妈投去了赞许的眼神。

“宏观世界……微观世界……”蛋蛋嘀咕着，继续追问道，“原子又是什么呢？”

“我要开车，下面让小芯继续给你说吧。小芯！轮到你上场了。”随着蛋蛋爸的一声呼唤，一个小精灵跳到了蛋蛋的肩上。这可是蛋蛋的老朋友了，它是一个来自未来世界的“智慧芯”，名叫小芯。自从小芯在蛋蛋家定居后，就成了蛋蛋、南柯和阿呆学习芯片知识的指导老师。

这时，小芯把它特有的短脚一摆，一个原子模型出现在车中。

蛋蛋妈和蛋蛋仔细地看着模型，认真听小芯解说。

“你们看到的是一个原子模型。它大体可以分为两部分：

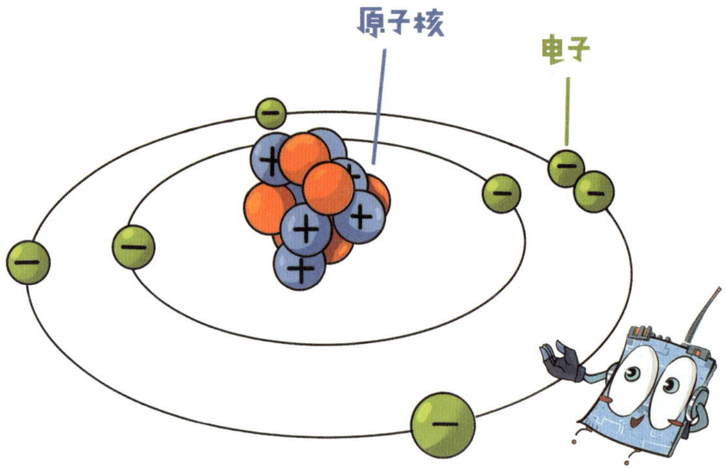

一部分是中间那些带正电和不带电的抱成团的粒子，它们组成了原子核；另一部分是原子核外围一圈圈同心圆上带负电的粒子，它们叫电子。原子是由原子核和电子组成的，电子绕着原子核旋转。”小芯说道。

“这些同心圆就像人造卫星绕地球转的轨道。”蛋蛋说。

“轨道这个比喻有点意思。” 小芯笑着说，“那我们就来说说这些轨道吧……”

听完小芯的一番解说，蛋蛋明白了——原来，电子所在的不同轨道具有不同的能量，离原子核越远的轨道能量越高，反之则越低。电子喜欢待在靠近原子核的低能量轨道上，低能量轨道上“住”满后，才“住”较高能量的轨道。就像人们盖楼房，一楼盖好了再盖二楼，二楼盖好了再盖三楼……以此类推。

蛋蛋仔细盯着原子模型，忽然，他发现轨道上的电子居然动了起来，便连忙问道：“这些电子还会在不同的轨道间跳来跳去吗？”

“好眼力。”小芯称赞道，“当电子吸收能量后，会从低能量轨道跳到高能量轨道；当电子释放能量后，会从高能量轨道跳到低能量轨道。科学家把电子这种跳来跳去的现象称为‘跃迁’。”

不知不觉就到家了，可蛋蛋的问题还没有得到解答——量子是什么？它和原子有什么关系，难道也是微观世界里的一种粒子吗？刚进家门，蛋蛋就急忙让小芯回答他的问题。

“量子和原子不一样，它并不是具体的粒子，而是一个物理学概念。当一个物理量存在最小的不可分割的基本单位时，我们就说这个物理量是量子化的，并且把最小单位称为量子。”

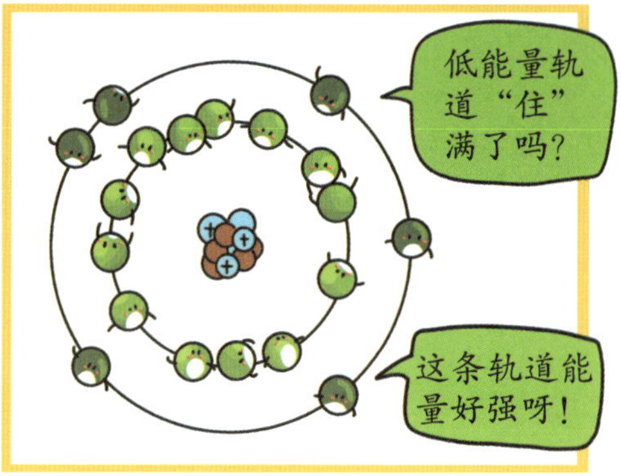

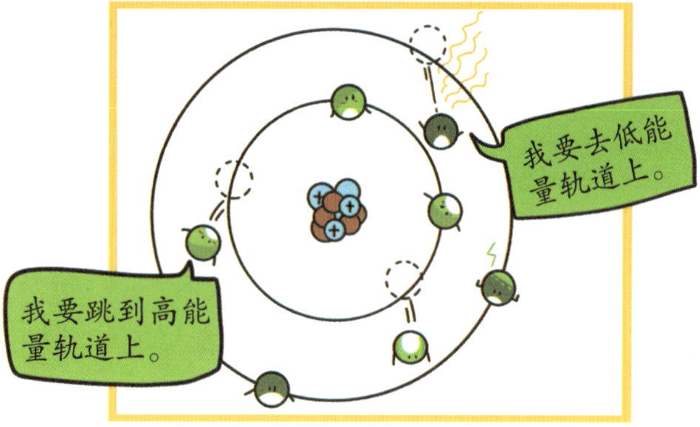

小芯说。

蛋蛋听了小芯的话，急得抓耳挠腮，因为他并没有理解其中的含义，于是追问道：“什么是最小的不可分割的基本单位？”

“不急，往下听就明白了。”这时，蛋蛋爸也来答疑解惑，他边挥手边说，“小芯，让我们看看爬梯子是什么样子的。”

话音刚落，一张爬梯子的图出现在客厅的中央。

爬梯子和量子有什么关系？蛋蛋有些摸不着头脑。

“爬梯子要一级一级向上爬，我们的脚无法落在两块相邻的踏板之间。那么，两块相邻的踏板之间的距离就是最小的不可分割的基本单位。”小芯说。

看着蛋蛋似懂非懂的样子，小芯又举了一个例子——机枪射击。机枪射出的子弹是完整的一颗，机枪无法发射半颗或三分之一颗子弹。被射出的一颗子弹，可以视为最小的不可分割的基本单位。

在一旁的蛋蛋妈听

懂后，也给蛋蛋举了一个例子，说：“儿子，最小的不可分割的基本单位就好比你们班级统计人数，最小的基本单位就是一个人，不可能有半个人。”

蛋蛋爸接着说：“下面我来介绍怎么理解量子。许多人一听到量子，首先认为它和电子、光子、微中子、胶子等微观世界的粒子相同，其实这是不对的。虽然它们的名称中都带‘子’字，但是量子并不是某种具体的粒子。那它是什么呢？举个例子，一束光照射出去，这束光是由无数光子组成的，光子有能量，是最小的不可分割的基本单位，所以也称其光量子；另外，电线里流动的电流是由电子组成的，电子有能量，是最小的不可分割的基本单位，所以电子也是量子。”

蛋蛋思考了一会儿，从玩具柜里拿出一块积木，说：“我懂了，量子不是真实存在的粒子。就像积木可以拼出各式各样的物体，只要有足够的积木，几乎可以搭建一切，而这一块块积木对拼成的物体来说，就是最小的不可分割的基本单位，这一块块积木就相当于量子。”

这时，蛋蛋妈举着她买的量子水杯，生气地说：“量子就是物理量最小的不可分割的基本单位。量子与快速阅读无关，与水杯的神奇功效也无关！”

蛋蛋爸和小芯异口同声地说：“没错！”

晚上，做完作业后，蛋蛋在“铁三角”的微信群里向南柯

和阿呆介绍了自己学到的有关量子的知识，还顺便数落了阿呆。阿呆也在微信群里抱怨那个速读班的学费贵，上课时除了翻书翻得头晕眼花之外，什么都看不清楚，更别谈记住书上的内容了。

“你说的那些微观粒子都长什么样？”南柯在微信群里问道。

这一下可把蛋蛋问住了，他支支吾吾地回答：“这都是微观世界里的东西……”

当南柯继续追问微观世界的样貌时，蛋蛋完全不知道该怎么回答，只好求助小芯。作为指导老师的小芯决定带小伙伴们去见识一下奇异的量子世界！

芯说

一个物理量如果存在最小的不可分割的基本单位，则这个物理量是量子化的，并且把最小单位称为量子。我们熟知的光子、电子等基本粒子都可以被称为量子。这些具有奇异特性的微观粒子构成了量子世界，而研究微观粒子运动规律的物理学分支叫作量子力学。随着科学技术的进步，科学家认识到某些宏观尺度下的多粒子系统也遵从量子力学规律，如超导体。所以他们把量子世界的“版图”扩大了，将遵从量子力学规律的那类物质所构成的世界都称为量子世界。就像居住在地球上的各种肤色的人种，我们统称为人类，量子就是量子世界中“各个人种”的统称。

第二章

奇异的量子世界

如果老师告诉你们有一门课只要会计算，并且不解释这是为什么，你们不要觉得奇怪，因为连获得诺贝尔奖的科学家也不知道原因。这门课就是量子力学。

“小芯，你说要带我们去见识一下微观世界，我们什么时候出发？”临睡前，蛋蛋躺在被窝里一个劲儿地追问小芯。

“时间不早了，不要熬夜，赶快睡觉。”小芯催促道。

“小芯，你就告诉我吧！不然我睡不着。”蛋蛋仍旧不死心。

“如果你现在乖乖睡觉的话，睡醒之后我就告诉你。”

听了小芯的话，蛋蛋立刻乖乖闭上眼睛，不一会儿就进入了梦乡……

忽然，一阵风吹过，蛋蛋睁开眼，发现自己正和南柯、阿呆站在一座高高的山上。山上雾蒙蒙的，根本看不清脚下的路。没走几步，小伙伴们忽然一

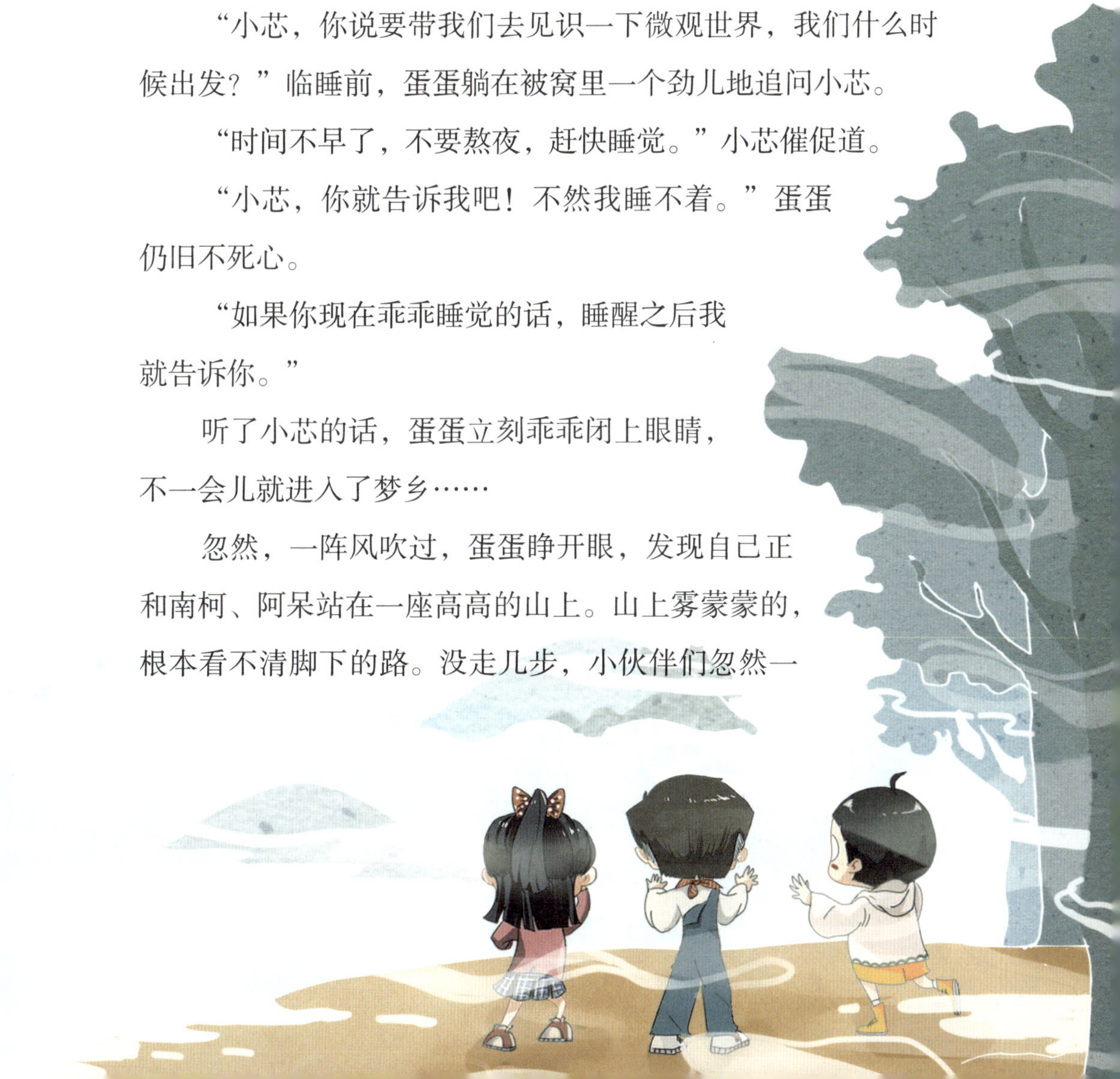

脚踏空，跌了下去。

这下完了，得摔成肉饼了。蛋蛋心想。

眼见地面近在咫尺，蛋蛋害怕地闭上了眼睛，结果并没有出现想象中砰的一声摔倒在地上的场景。蛋蛋感觉自己在随风摇摆，他悄悄地睁开一只眼睛，看到身旁的南柯和阿呆像落叶似的在缓缓降落。

不知过了多久，三个小伙伴终于安全着陆了。

“我们怎么变得比树叶还小？”阿呆指着身旁一片巨大的树叶问道。

“我们怎么变得比蚂蚁还小？”南柯指着旁边草丛里一只巨大的蚂蚁问道。

“你们现在比蚂蚁小多了！”小芯的声音在周围响起，但只闻其声不见其人，“你们的身体已经缩小为原来的几十亿分之一，比原子还小。现在你们是‘量子人’了，欢迎来到奇异的量子世界。好好享受你们的旅程吧！”

说完，小芯的声音便再也没有响起，任凭小伙伴们如何呼唤，小芯也没有回应。无奈，他们三人只好自己探索这个荒凉的世界——除了他们三个，这里没有人类。他们周围只有各种各样的原子，还有一些他们说不出名字的粒子。这些粒子似乎各自有任务一般，来去匆匆。

“站住，你们是从哪里来的？”突然一个粗犷的声音传来，吓了小伙伴们一跳。伴随着声音而来的是一个身材粗壮、身穿制服的量子人。在他的身后还跟着一群身穿同样制服的量子人。很显然，说话的是队长，这些量子人将蛋蛋他们团团围住。

“报告队长，抓到三个入侵的奸细。”一个量子人毕恭毕敬地向队长报告。

那个被称作队长的量子人，仔细打量了一番蛋蛋他们，说：“果然是假冒量子人的奸细！”

“不，我们不是奸细，我们是人类。”南柯急忙解释。

“我们作为量子国的国王卫兵，保卫量子国的安全是我们的职责。给我抓住他们。”队长并不听南柯的解释，反而要把他们抓起来。

“完了，这可怎么办？”蛋蛋着急地说。

“我想回家。”阿呆带着哭腔说。

几个卫兵正要上前抓蛋蛋他们时，只听一声“国王驾到”，卫兵们立刻停了下来，个个挺直腰板向着声音传来的方向行礼。

国王来到小伙伴们身旁，仔细瞅了瞅，说：“要是不想被

抓，那就按老规矩办。”

“什么老规矩？”蛋蛋急忙问。

“和我的手下比赛。”国王笑眯眯地说。

原来，这个国王是个足球迷，但他自己不踢球，而是喜欢看别人踢球。所以按照量子国的规定，如果外来人员输了足球比赛，就要被抓进量子国的监狱，不能回家；如果赢了比赛，就能安全离开量子国。

知道了“老规矩”的具体内容，蛋蛋和阿呆别提多开心了，毕竟，他们俩最喜欢的体育运动就是足球。在学校的足球队，蛋蛋担任前锋，负责进攻；阿呆担任守门员，负责守好自家球门。

不怎么踢足球的南柯也不甘落后，她对蛋蛋和阿呆说：“你们不用担心我，到时候我一定努力和你们配合好，战胜他们！”

随着一声哨响，比赛开始了。这是一场三人制足球赛，比赛时长为 45 分钟，先赢三个球的队伍获胜。

对方，暂且称他们为量子人队，队长是那个身材粗壮的国王卫队的队长，另外还有两位队员，一位个头较矮，另一位个头稍高；我方，暂且称为人类队，蛋蛋当仁不让是队长，南柯和阿呆是队员；裁判员则是一位平易近人的大叔，量子人都叫他玻尔先生。

比赛刚一开始就非常激烈，双方队员拼命抢夺足球。量子人队的队长虽然身材粗壮，但脚下功夫欠佳，蛋蛋以惊人的速度和敏捷的身手，多次将足球抢了过来。随后蛋蛋与南柯配合，传球、运球，一切有序地进行着，双方各有射门，但均未破门。从整体看，人类队占优，如果不出意外，比赛的胜率较大。

可是，接下来的情景，让小伙伴们感到匪夷所思！

量子人队个头较矮的队员把球传给队长后，在距离人类队球门很远的地方，队长在笨拙地颠着球，耍着花里胡哨的动作，一点也不着急进攻。见此情景，阿呆便放松了警惕。然而就在此时，阿呆面前突然出现了一位一模一样的量子人队的队长，他一脚射门，足球越过阿呆，进了人类队的球门。

阿呆大吃一惊，回过神来，十分不解地看了看远处仍在颠球的量子人队的队长。他使劲揉揉眼睛，再看看身边，没人！怎么会同时出现两个一模一样的人？两个一模一样的足球？难道是幻觉吗？

正当阿呆疑惑时，比分已经变成 1∶0。

难道量子人作弊？想到这里，阿呆一边举手示意一边大声喊道："裁判员，他们作弊。"

然而裁判员玻尔先生并没有理会阿呆。

一声哨响，比赛继续进行。同样的一幕再次出现，但这次是那位个头稍高的队员。蛋蛋上前堵截，然而那位队员忽然分身成两个一模一样的人，一个出现在蛋蛋面前，另一个出现在人类队的球门前，正准备射门。

阿呆有了上次的教训，这回他分腿弯腰，上身前倾，紧盯着球。他要根据球速，在心里暗暗地计算球可能出现的位置，随时准备扑球。

然而阿呆最终还是扑空了。球并未按照阿呆计算的时间到来，在阿呆做出扑球动作后，球才缓缓到来，进入球门。

“这是怎么回事？我测算得不准了？不应该呀，我可是学校的金牌守门员呢！”阿呆自言自语道。

比分变成了 2∶0，国王高兴地站起来鼓掌，其他量子人也跟着拼命鼓掌。

这时，南柯注意到看台上的观众全都戴着墨镜。量子人队的队员在进球时会发出一种奇特的呼喊声，像是受到这呼喊声召唤，观众也会一起摇旗呐喊。

“这比赛没法进行了。”阿呆气愤地甩了甩手。

“不行，还得继续，我们要赢，否则我们就没法回家了。”

南柯冷静地说。

阿呆一听这话，连忙改口说："是是是！还得继续，我可不想留在这里。"

中场休息时，蛋蛋三人在休息间讨论上半场比赛的情况。南柯把上半场的异常情况分析了一遍，蛋蛋和阿呆听完后都陷入了沉思。

片刻后，蛋蛋问道："难道量子人会魔法？"

阿呆附和道："他们像是会分身术。"

南柯点点头，接着问阿呆："你扑空第一个球的时候，注意力是不是没有集中？"

阿呆吞吞吐吐地说："我看那位队长不进攻，在老远的地方颠球玩，我就放松警惕，分神了……"

南柯转过身又问蛋蛋："你去堵截那位个头稍高的队员的时候分心了吗？"

蛋蛋不好意思地说："那时我们刚丢了一分，我正好有点沮丧。"

"这就对了！我发现你们出现失误都是注意力不集中的时候，而这个时候量子人就能乘虚而入，施展魔法……"经过一番冷静的分析，南柯最后得出结论，"虽然我现在还不清楚这些怪异的现象是怎么发生的，但这不合常理的现象背后一定有量子世界的某些规律在作怪！既然我们是在量子世界和量子人比赛，那我们也可以运用量子世界的规律，用他们的规则打败他们！"

蛋蛋和阿呆急切地问："那我们应该怎么做？"

"首先，我们一定要集中注意力，看清他们的一举一动，千万不能分心。我觉得他们的魔法禁不住看，说不定我们一看，就不灵了。其次，要让他们分心。他们分心的时候就是我们运用量子世界的规律进攻的最好时机。"南柯说。

蛋蛋和阿呆将信将疑，随后他们便开始下半场比赛。

下半场一开局，南柯就不断提醒大家集中注意力。阿呆和蛋蛋瞪大了眼，注意力高度集中。这一招果然奏效，量子人队的队员像被施了反作用魔法似的，再也无法施展分身术了，加上球技不如人类队，量子人队多次失去射门的机会。

当量子人队那位个头稍高的队员好不容易获得一次射门机会时，蛋蛋突然大叫一声：“你妈妈喊你回家吃饭。”正准备射门的队员分了心，收回脚，伸长脖子，在看台上搜寻着妈妈的身影……说时迟那时快，蛋蛋摇身一变，分身成两个蛋蛋，一个拦住射门的队员，另一个抢下他脚下的足球并带球跑到量子人队的球门前，抬脚射门，球进了，比分变成2：1！

比赛继续进行，量子人队显然吸取了教训，不敢轻敌分心，两队你来我往，竞争十分激烈。

这时，南柯突然大声喊了一句：“国王万岁！”

正在场上比赛的量子人队的队员立刻停了下来，与台上观众一起目不转睛地对国王行注目礼，高呼“国王万岁”。南柯见量子人队的所有队员都分心了，她趁机分身成两个南柯，其中一个南柯瞬间移动到量子人队的球门前，将球射入球门，而守门员此时还在对国王行注目礼呢！

比分变成了2∶2，平局！小伙伴们高兴极了，相互击掌庆祝。

这时，裁判员玻尔先生吹响了哨子，随后说道：“时间到了，比赛结束！”

没有赢，是平局！小伙伴们面面相觑、忐忑不安。平局的话，他们还能回家吗？

这时，量子人队的队长向小伙伴们宣布：“国王有令，人类队——”他把“队”字的读音拉得好长，足足有一分钟，这可把蛋蛋他们急坏了。

阿呆忍不住了，大声问道：“人类队怎么样？你快说呀。”

“可以回家！”量子人队的队长笑嘻嘻地说出了结果。听到这里，小伙伴们心里的大石头终于落了地。

顿时，全场欢呼雀跃，量子人对国王的决定报以热烈的掌声。

在这雷鸣般的掌声中，裁判员玻尔先生走到小伙伴们面前，好奇地问："比赛时，你们是怎么想到打败量子人的办法的？"

阿呆赶忙指着南柯说："是她想出办法的！"

南柯谦虚地说："我发现量子人每次施展分身术进球，都是趁我方队员心不在焉时，只要我方队员集中注意力，全神贯注比赛，量子人就无法施展分身术。"

"量子人是不是会魔法？"阿呆自言自语道，"要是我也有魔法，就能像《西游记》里的孙悟空一样，变出许多个阿呆，一个阿呆去学校上课，另一个阿呆在家睡懒觉……"

玻尔先生微笑着说："这可不是魔法，而是量子本身具有的特性！"

"我就猜到这是量子世界特有的规律。"南柯说，但她还是有些好奇，问，"玻尔先生，您能给我们解释一下吗？"

"在比赛过程中，量子人会同时出现在两个不同的地方，这种现象在量子世界叫作量子叠加效应。当你们集中注意力盯住量子人后，也就是对他们进行了观测，这时候，量子叠加效应就会消失。量子人无法施展所谓的分身术，就只能有一种状态，这种现象叫作量子坍缩。当然，这些量子效应在宏观世界里是不可能发生的，而宏观世界里的许多规律在量子世界也是行不通的。"玻尔先生解释道。

这时，阿呆又问玻尔先生："玻尔先生，平日里，我在守球门的时候，对球的速度和位置的判断可是相当准确的，很

宏观世界

量子世界的"分身术"

少出现错误。可是今天在守球门的时候我明显感觉力不从心，算出来的结果与实际总是有误差，这也和量子世界的规律有关吗？”

玻尔先生微微一笑，说：“这是一个叫‘测不准原理’的东西在影响你。它指的是我们不可能同时测准被测物体的动量和位移。例如，在测量足球的速度和位置时，如果测准了速度，则位置就测不准；测准了位置，速度就测不准。”

“这不合常理。”南柯使劲地摇头。

玻尔先生思考了一会儿，说：“我再给你们介绍一个不合常理的量子效应，它叫量子纠缠。在一个量子系统里，彼此关联的几个粒子若构成一个整体，则称这些粒子处于量子纠缠状态。量子纠缠是量子物理学中十分诡异的一种现象。例如，处于纠缠状态的两个粒子，即使相距十分遥远，甚至处在银河系的两端，彼此之间仍然存在联系。如果对其中一个粒子实施某种操作，那么这个操作将以无法解释的速度瞬间影响另一个粒子。当年，大名鼎鼎的科学家爱因斯坦把量子的这种现象称为‘幽灵般的超距作用’。”

随后，玻尔先生又用了一个比喻来解释量子纠缠，他说：“假如光子妈妈生了一对双胞胎——光子宝宝A和光子宝宝B。从出生那天起，两个光子宝宝之间就有密切的联系，无论两个光子宝宝之间的距离有多远，它们都会存在感应——一个哭，另一个就会笑。有一天，外星人把光子宝宝A抓到X星球上，外星人的奇装异服引得光子宝宝A哈哈大笑，随即地球上的光子宝宝B便号啕大哭。接着，外星人捏了捏光子宝宝A的脸，疼得它哇哇大哭，于是地球上的光子宝宝B即刻哈哈大笑起来。这一哭一笑像光子宝宝们提前商量好似的，但关键是，光子宝宝们事先并不知道外星人会对它们做什么。”

听完玻尔先生的解释，南柯感叹道：“这真是太神奇了！”

“下面，我带你们参观一下量子国的国宝。这样有利于你们进一步了解量子世界。”玻尔先生说道。

听到这里，小伙伴们都兴致勃勃地跟在玻尔先生的身后。

玻尔先生带小伙伴们来到一个小木屋前，小木屋门窗紧闭，一个戴着圆形黑色边框眼镜的男人蹲在小木屋外发呆。

玻尔先生上前和他打招呼："薛定谔老兄，你好！"

薛定谔白了一眼玻尔先生，没好气地说："我不想和你吵架了。"

玻尔先生耸耸肩，没说什么。这时，小伙伴们注意到小木屋前的草坪上插着一块牌子，牌子上写着"内有国宝，请勿打扰"几个大字。小木屋的外墙上还有国宝的介绍。

国宝：薛定谔的猫

（薛定谔培育此品种，故以其名字命名）

猫的状态：既死又活

居住环境及预测：一只猫、一瓶放射性物质、一个粒子探测装置、一把锤子和一瓶有剧毒的氰化物。如果放射性物质发生了衰变，就会放射出粒子，此时粒子探测装置会接收到粒子信息，然后发出信号使锤子落下打碎装有氰化物的瓶子，则猫必死无疑；如果放射性物质不发生衰变，没有放射出粒子，锤子就不会落下，装有氰化物的瓶子会完好无损，猫就活着。

“量子国的国宝竟然是一只猫。”阿呆说。

南柯愤愤不平地问：“他们没有《动物保护法》吗？国宝怎么能待在如此危险的环境中？”

蛋蛋则注意到介绍中对猫状态的描述，问道：“死就是死，活就是活，什么叫既死又活？”

这时，薛定谔抬起头，神秘地说：“既死又活就是说小木屋里面的猫既是死的又是活的。”

“哪有这回事？我去看看。”阿呆不信，准备跑到小木屋里看看。

薛定谔一下子站了起来，拦住阿呆，说：“你不能看，看死了要你赔。”

蛋蛋冷笑道：“哼，还能把猫给看死了？这也太荒唐了。”

这时，玻尔先生说：“他说的对，小木屋里面的猫确实不能看。现在猫是既死又活的状态，你们一看，那就只有一种状态了——不是死的就是活的。”

薛定谔有板有眼地说：“根据量子力学理论，由于放射性物质处于衰变和没有衰变两种状态的叠加，猫就理应处于死和活的叠加状态。也就是说，小木屋里的这只猫既是死的又是活的。但你们如果看了，猫不是死的就是活的。”

这时，顽皮的阿呆趁众人不备，溜到小木屋的门边通过门缝往里瞧，随即挥手高声叫道：“我看见了，那只猫在睡觉，胡子还在动，是活的！”

玻尔先生笑着说：“瞧，猫被你看活了！”

薛定谔又解释道：“如果你们不去观察，这只猫在里面处于既死又活的叠加状态；如果你们一观察它，就只能看到一种状态了。这就是量子力学中由观测导致坍缩的现象，叫量子坍缩。”

蛋蛋若有所思地说：“这跟我们比赛时的情景一样，我们不看的时候，量子人队的队员就可以施展分身术；如果我们看了，他们就只能处于一种状态，无法分身！”

这时，南柯问道：“就算我们比赛时，不看量子人队的队员，可看台上有那么多观众，他们在观看比赛，有人在看，量子人队的队员怎么能施展出分身术？”

玻尔先生哈哈大笑，说：“你以为观众是在观看比赛，但他们其实是在看台上睡觉！为了不影响量子人队的正常发挥，他们戴的不是墨镜而是眼罩。量子人戴上眼罩后就会呼呼大睡，只有进球时的欢呼声才能把他们唤醒。”

蛋蛋、南柯和阿呆会心地笑了，异口同声地说：“原来如此……”

“蛋蛋，快起床！再不起来就要迟到了！”蛋蛋妈在蛋蛋耳边喊道，一下子把蛋蛋从睡梦中惊醒。他迷迷糊糊地从床上坐起来，自言自语道：“这一切都是梦吗？”

蛋蛋揉揉眼睛，环顾四周，看到床头的闹钟后大惊失色，他真的要迟到了。蛋蛋赶紧翻身下床，洗漱一番，连早饭都没来得及吃便往学校跑去。

此时，阿呆和南柯也被父母从睡梦中叫醒，起来后简单收拾一番便也匆匆往学校赶去。在这个一切如旧的宏观世界里，只留下三个急匆匆去上学的身影。然而一个疑问在他们心中生根发芽——是谁发现了这个奇异的量子世界？

第三章

璀璨的群星

至今令人费解的是，在那个特定的时期，特定的地域，竟然诞生了如此多的天才，而且，天才们都非常有个性。

“是谁发现了奇异的量子世界？”放学后，蛋蛋、南柯和阿呆齐聚秘密基地，南柯看着坐在蛋蛋书包上的小芯，率先提出了她的疑惑。自从知道他们三个昨晚“联网”做梦后，他们对奇异的量子世界就越发好奇了。

对于南柯提出的问题，小芯没有立刻回答，而是从蛋蛋书包里面掏出了一张皱巴巴的照片并把它平铺到石桌上。三个小伙伴看到后立刻凑了上来。

“小芯，你是什么时候把这张照片塞进了我的书包？”蛋蛋问。

“当然是在你不知道的时候。先别说话，我们看照片。”小芯神神秘秘地说。

这是一张老照片，照片中人物的着装和动作透露着久远年代的气息。其中一位老先生手里还拿着具有西方 19 世纪至 20 世纪风格的礼帽。

“这人是爱因斯坦！”蛋蛋眼神好，一眼就认出了其中一个面孔。他对爱因斯坦非常熟悉，学校的教室里就贴着爱因斯坦的照片，激励大家努力学习，发愤图强。

南柯也在仔细地观察着照片上的面孔，过了一会儿，她便叫道：“看，那是居里夫人！”南柯也认出了自己的偶像。

“那一位不是裁判员玻尔先生吗？他怎么也在？”阿呆突然叫道，“还有，那旁边是薛定谔吗？”

正当小伙伴们认真观看照片时，忽然，一个声音传来：“蛋蛋，你好！”蛋蛋被这声音吓了一跳，定睛一看，照片上的爱因斯坦正冲自己眨眼睛呢。还没等蛋蛋回过神来，又有一个声音传来：“南柯，欢迎你！”南柯激动地指着照片上的居里夫人，好像在说：“我的偶像正在跟我打招呼呢！”

“怎么没人认得我？”阿呆心里有些着急。这时，一个声音响起：“阿呆，谢谢你把我的猫看活了！”

“是薛定谔！薛定谔认得我！”听到薛定谔的话，阿呆高兴极了。

“他们活了，他们都活了。”蛋蛋指着照片对小芯说。就在蛋蛋惊呼的同时，一股神秘力量穿透云层降临到照片上，只见照片上的人物纷纷苏醒，依次走出照片。这一景象让小伙伴们目瞪口呆。这些走出照片的人物纷纷朝一个方向前进，正当蛋蛋感到疑惑时，爱因斯坦忽然对蛋蛋招了招手。蛋蛋立即领会了爱因斯坦的意思，然后转头对南柯和阿呆说：“他让我们跟上。”

此时的小伙伴们热血沸腾，能够走近这些科学家，近距离了解他们，这是多少人梦寐以求的事。小伙伴们追了过去。科学家走得很快，不久便消失在视野里，小伙伴们一路小跑，紧紧在后面跟着，忽然，他们穿过一扇无形的门，进入一个陌生的地方。

他们环顾四周，发现这里漆黑一片。

“这是哪儿？”阿呆搓了搓胳膊，声音微微战栗。

“不知道。”蛋蛋哆嗦着回答，刚才的兴奋劲儿早已消失得无影无踪。

只有南柯瞪着炯炯有神的大眼睛，语气中透着兴奋，说：“不要怕，我们有三个人，让我们一起去探索这个未知的世界吧！”

忽然，一道闪电劈下，照亮了“铁三角”眼前的事物。在他们前方，似乎有许多高大的身影。

电闪雷鸣过后，一束光照下来，光影中出现了一个身着西装、手拿复古礼帽的男人。

哇，这座雕像我认得，他是牛顿！
没错，他是牛顿。以三大运动定律和万有引力定律为基础的牛顿力学被称为经典力学。在光学上，他发明了反射望远镜，他认为光是由一颗颗小光丸组成的粒子流。
百科全书式的全才
发现万有引力定律、三大运动定律
物理学家、数学家、天文学家
牛顿
原来这些黑影是一座座会说、会动的雕像呀！
至于其他科学家嘛……请跟我一起去看看！

光是由一颗颗小光丸
组成的粒子流。
不对！光是波，
是电磁波！
方向
这个反驳牛顿的
人是谁？
牛顿
麦克斯韦

他是英国著名物理学家、数学家麦克斯韦。他创立的电磁理论将电学、磁学统一了起来；他还预言了电磁波的存在，指出电磁波的速度就是光速。2004 年，英国科学期刊《物理世界》将麦克斯韦建立的麦克斯韦方程组评为科学史上最伟大的公式。
现代社会的通信技术，不论是 5G 还是 6G，都是基于电磁理论发展起来的。
原来这一切的奠基人是麦克斯韦啊！

我捕捉到电磁波了！光是一种电磁波！此刻我敢向世界宣布，麦克斯韦预言的电磁波是真实存在的。
赫兹(Hz)
他是赫兹，德国著名科学家。他验证了麦克斯韦的电磁理论，频率的单位赫兹（Hz）就是用他的名字命名的。至此，人们明白了光也是电磁波，由光源向四周辐射。
手机、广播、电视等进行信息传递都离不开电磁波。

1900 年 12 月 14 日，普朗克提出了著名的普朗克公式，这一天也被认为是量子物理学诞生的日子。为了区别牛顿的“经典力学”，人们把研究微观粒子运动规律的物理学分支称为“量子力学”。

我获奖啦！
爱因斯坦先生，今天有客人来拜访，请您归位。
1921年获得诺贝尔物理学奖
发现光电效应
被美国《时代周刊》评选为"世纪伟人"
爱因斯坦
呆
爱因斯坦利用普朗克提出的量子概念来看待光——光不是连续的波，而是一束粒子流。这些组成光的粒子就是光子，每一粒光子都有一份能量，所以光包含着一份份能量。这让他成功解释了光电效应。

光电效应明明是我先发现的。
谁让你不继续研究，现在后悔也晚了。
电子
1887年，赫兹发现光照在金属表面时，金属表面会发射电子，这种现象就叫作光电效应。遗憾的是，赫兹没有继续深入研究。1905年，爱因斯坦成功解释了光电效应并因此获得了诺贝尔物理学奖。
光是粒子还是波？这个问题在牛顿、麦克斯韦、爱因斯坦那里转了一圈后，又转回到光是粒子的结论上。

爱因斯坦怎么跑到那里去了？
和爱因斯坦说话的人是谁？
那个人是玻尔——量子力学的创始人之一。他们在讨论波粒二象性。
德布罗意先生的说法是正确的。不仅光子和电子具有波粒二象性，所有实物粒子都有，而且它们是互补的。
我同意。
玻尔

射击时，每颗子弹只能打到一个靶子。这是因为子弹具有粒子性，是一颗颗的。
同学们能听见老师的说话声，这是因为声音是声波，能在教室中扩散，具有波动性。
如果把子弹的粒子性与声波的波动性进行交换，那么发射的一颗子弹会击中所有靶子，老师的讲课声只有一个同学能听见，这不可能发生在宏观世界里。所以，宏观世界里的事物只有一种特性——波动性或粒子性。
哇，原来如此！

互补原理是玻尔先生的得意之作，也是量子力学的基本原理之一。互补原理指出：微观粒子同时具有粒子性和波动性，但这两种特性又互相排斥，即一个粒子要么呈现出粒子性，要么呈现出波动性，无法同时呈现出两种状态，但在描述量子现象时又必须把两者结合起来。
这就像一枚硬币的正面与反面相互排斥，但在构成硬币时又缺一不可。用这种互斥又互补的方式才能完整地描述量子现象。
1
小朋友们好呀，我们又见面了！
原来是裁判员玻尔先生呀！
玻尔

玻尔先生雕像的基座上怎么有代表中国文化的太极图？
1937年，我受中国理论物理学家周培源的邀请访问中国。在观看《封神演义》时我看到了太极图。
封神演义
太极图中的阴阳鱼界限分明却又为一个整体，与我的互补原理有异曲同工之处。于是我便把太极图加在了家族徽章中。
玻尔
玻尔用互补原理平息了光是波还是粒子的纷争。
哎呀，玻尔先生和爱因斯坦先生，你们怎么又吵起来了！
别以为就你去过中国，我也去过。我在上海听了昆曲，还游览了城隍庙、豫园。

听说这两位科学巨匠争论了二十多年。
他们在争论什么呢?
"上帝会不会掷骰子"——玻尔认为事物的运动不受因果关系制约，是随机的、不确定的，就像掷骰子一样；爱因斯坦则坚信事物受因果关系制约，是有规律的、有必然性的。
旁听席
上帝不会掷骰子。
你别指挥上帝怎么做。
难道我不看月亮的时候它就不存在吗?
……
你是否能证明没人看的时候月亮一直在那里?
……
爱因斯坦
玻尔

各位观众，双方就量子力学的根本问题展开了一场旷日持久的大辩论。正方团队以玻尔为首，包括波恩、海森堡、泡利等人；反方团队以爱因斯坦为首，包括德布罗意、薛定谔等人。
反方
正方
我支持玻尔，要是我会量子的分身术多好，这样就可以分身出一个自己替我去上学。
我支持爱因斯坦，任何事情有因才有果，比如，只有努力学习，才能取得好成绩！
你们不要瞎想了，人家是在探讨如何解释量子力学。

爱因斯坦和玻尔的辩论，最后谁赢了？
玻尔赢了！因为有一个叫贝尔的人创建了量子力学中非常重要的“贝尔不等式”。同时，他还设计了一个实验，把实验数据代入贝尔不等式中，根据计算出的结果可以判定二人的胜负。经过科学家反复验证，最终认定是爱因斯坦输了。
输
赢
杰明去哪里了？

波恩先生，请您别像“概率波”那样不安分……
薛定谔先生，您可不能像您的猫那样上蹿下跳……
泡利先生，尽管您发现了“不相容原理”，也请您在基座上站好……
德布罗意先生，虽然您认为所有粒子都具有波动性，但您最好坐着不动……
薛定谔
德布罗意
泡利
海森堡
波恩
唉，海森堡先生又去散步了，真是“测不准”！
他们都是诺贝尔物理学奖获得者，他们提出的不相容原理、概率波、薛定谔方程、德布罗意波、测不准原理等，对量子力学的发展起到了重要的推动作用。
这些人又是谁？
真是群星闪耀啊！

“开会啦！”不知谁喊了一声，雕像们纷纷跳下基座，往一个方向奔去。也许是时间太久远的缘故，雕像公园里只剩下牛顿、麦克斯韦和赫兹待在原地没动。

三个小伙伴见状，不由自主地跟着众雕像跑去，跑着跑着，那扇无形的门又出现了，小伙伴们来不及停下脚步，便穿了过去。然后他们发现自己已身处秘密基地的凉亭中，刚才跑出来的那些雕像也纷纷在小芯手中的照片上归位。

原来，这张照片是1927年召开的第五届索尔维会议的与会代表合照。索尔维会议是20世纪初比利时的实业家欧内斯特·索尔维创立的讨论物理、化学知识的会议。这张第五届与会代表合照中共有二十九位科学家，其中有十七位是诺贝尔奖获得者。这张照片中的每一个人所取得的科学成就，都足以对人类文明产生深远影响。

如果说一开始，小伙伴们还不理解小芯为什么要拿出这张照片给他们看，那么现在经历了这趟忆空间之旅，他们完全明白了是谁发现了这个奇异的量子世界——量子力学是靠一群杰出的科学家在长期争论和探索中不断发展起来的。如今，“量子”这个词听起来似乎很前卫，但对于量子领域的科学家来说，量子力学是个古老的理论——它已经有100多年的发展历史了！1900年，普朗克提出了量子论。从此，量子力学便开始不断向前发展。

你知道科学家争论的这些微观世界的量子力学理论，对我们宏观世界的生活会产生怎样的影响吗?

第四章 我们身边的量子力学

微观世界里的量子力学高深莫测，那也许你会问，量子力学在哪里？其实你现在正沉浸其中。

这节自习课，阿呆特别兴奋。他喋喋不休地缠着同桌讲悄悄话：“豆子，我现在可是学校激光枪射击队的队员。”

那个叫豆子的女生就是阿呆的同桌。她有一双清澈的大眼睛，讲话时声音又细又柔，非常可爱。她和南柯一样，学习成绩非常优异。

听了阿呆的话，豆子就“嗯”了一声，没有再说什么。

阿呆又继续说：“没准将来我就是世界冠军。”

“不太可能。”豆子干巴巴地回了一句，不相信阿呆说的话。

“到时候你找我要签名，我一定满足你。”阿呆并不在意豆子的反应，还在滔滔不绝地说着。

豆子把目光从书上挪开，瞥了一眼阿呆，问：“你知道什么是

激光枪吗？”

“我当然知道，就是发射激光的枪。”阿呆答道。

豆子放下手里的书，继续问道：“那你知道什么是激光吗？还有，激光为什么叫激光？”

豆子的问题难住了阿呆，他想了半天，也没有想出答案。

见阿呆没有回答，豆子脸上露出胜利的微笑。她心满意足地拿起书继续看了起来。

阿呆和豆子讨论有关激光的问题，还得从学校组建激光枪射击队说起——激光枪射击是近年国内兴起的一项高科技体育运动项目。这项运动不仅能增强孩子的体质，还可以提高孩子的专注力，培养他们独立思考的能力。学校为了推广激光枪射击项目，不仅为学生们建造了一间激光枪射击房，还组建了校园激光枪射击队。如果表现突出，他们还能参加省市级的激光枪射击比赛，为学校争光。

这项体育活动一经开展，就受到许多学生和家长的支持。经过一周的选拔，蛋蛋、南柯和阿呆成功进入校园激光枪射击队。接下来，就由专业的老师对他们进行训练了。

训练第一天，三个小伙伴就见识到这项运动的魅力。老师做示范动作时，射击场上非常安静。只见老师一只脚在前，一只脚在后，一只手臂弯曲托枪，另一只手握枪抵肩，含胸收腹，眼睛瞄准，一系列动作一气呵成，然后扳动扳机——命中十环！

看到老师命中十环，学生们都欢呼起来。其中，阿呆的声音格外响亮，就好像刚刚命中十环的是他自己一样。在接下来的训练中，阿呆亲自体验了一把射击的快感。这节课他上得格外认真，老师说的每一句话他都记了下来。

下课后，阿呆还在回想上课时老师所说的注意事项。其中有一条让阿呆很疑惑——老师说激光枪的枪口不能对着自己，也不能对着别人，因为激光能灼伤人的眼睛。至于为什么能灼伤人的眼睛，老师并没有解释。

放学后，阿呆把豆子提的问题抛给了南柯和蛋蛋，想不出答案的蛋蛋回家后又把问题抛给了小芯。

“小芯，为什么激光叫激光？另外，同样是光，为什么台灯的灯光不会灼伤人的眼睛，而激光就会呢？” 蛋蛋问道。

小芯笑着说：“这要从激光是怎样产生的说起了。你还记得原子模型长什么样吗？”

“当然记得，” 蛋蛋点点头说，“电子围绕原子核在不同的轨道上运动，离原子核远的轨道能量高，离原子核近的轨道能量低。电子喜欢‘住’在靠近原子核的轨道上，电子还可以在能量不同的轨道上跃迁。”

“没错，一个电子从高能量轨道跃迁到低能量轨道时，会释放出一个光子，光子有能量，这种能量是独立且不连续的。”小芯说。

“我知道光子就是普朗克说的光量子。”蛋蛋叫道。

小芯满意地点点头，说：“你说得对。现在你想象一下，如果你把一块大石头搬运到山顶，再让大石头从山顶滚下，那么大石头在滚动过程中会撞到山坡上的其他石头，被撞击的石头在滚动过程中又会撞到其他石头。这样一块石头撞一块石头，最终你就会发现有一大堆石头从山上滚下来。同样的，科学家把大量电子搬运到高能量轨道上后，如果有一个电子往低能量轨道跃迁，就会释放出一个光子。这个光子与其他原子碰撞，还会产生一个和自己特征一样的光子。就这样，经过碰撞，一个变二个，二个变四个……光子的数量就会越来越多。”

听到这里，蛋蛋问道：“这些光子与激光有什么关系？”

“问得好！这有赖于发射激光的装置——激光器。科学家在激光器的结构上做了特殊处理，可以瞬间产生大量特征相同的光子从一个小孔钻出去，这些钻出去的光子就是激光。激光

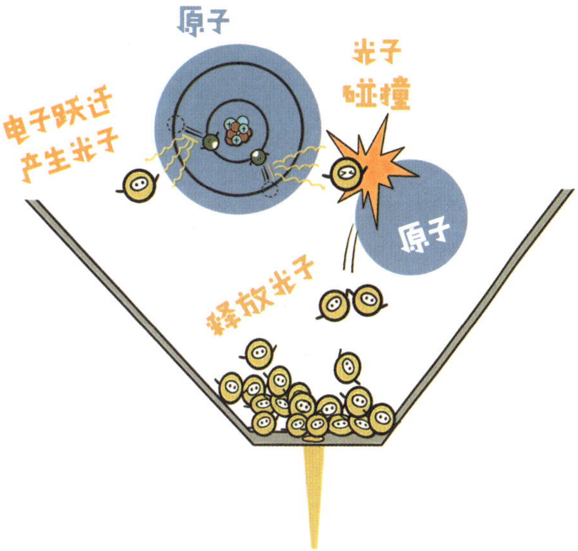

为什么会有这么大的威力呢？这是因为能量集中。我们都知道把散落的绳子拧成一股，那这条绳子就会比其中任何一条都结实。大量光子集中在一起，所拥有的能量自然也就很大。拥有这么大能量的激光当然不能直射人眼，否则就可能灼伤眼睛或致盲。”小芯解释道。

蛋蛋听后惊恐地叫道：“既然激光不能直射人眼，那为什么还有人去做激光矫正视力的手术？难道不会对眼睛造成伤害吗？”

原来，有一天课间休息时，南柯和几个女生聊天。蛋蛋本不想听，无奈几个女生说话的声音太大，蛋蛋就听到了她们在讨论激光矫正视力的手术。那时，蛋蛋只知道激光可以矫正视力。可现在听到了激光能量强大到足以致盲，蛋蛋就觉得不可

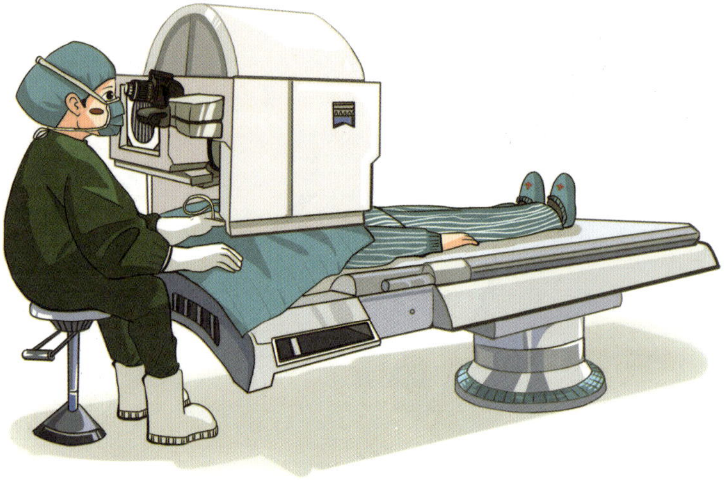

思议。

“别担心，激光矫正视力的手术是相对安全的。”小芯笑嘻嘻地说，“常见的飞秒激光矫正视力手术用的是高能量、窄脉冲形式的激光。虽然激光能量很高，但是脉冲的时间极短。一飞秒等于一秒的一千万亿分之一，也就是说，一飞秒激光脉冲作用在眼角膜组织上的时间仅有一千万亿分之一秒。”

蛋蛋听后，想了一会儿，接着问道：“如果激光脉冲作用的时间长了会怎么样？”

“问得好！”小芯高兴地摸了摸蛋蛋的大脑袋说，“如果作用时间长，激光的功率就非常高。高功率激光会瞬间产生足以熔化钢板的热量。所以，在工业上，激光能精准地切割钢板；在军事上，激光能作为武器。”

过了一会儿，蛋蛋又问道：“我见过一束绿色的、又直又亮的光线从楼顶发出来，那也是激光吗？”

小芯点点头说：“是的，那是楼顶激光灯发出的。相比普通光源而言，激光具有单色性（颜色纯）、方向性好（发散角小）、亮度高（集中发射）三个特点，因此，激光也被人们称为最快的刀、最准的尺、最亮的光！”

“那为什么它叫激光而不叫其他光呢？”蛋蛋想起阿呆抛给他的问题。

“激光的英文全称为 Light Amplification by Stimulated Emission of Radiation，缩写为 LASER，发音与中文‘镭射’相近。后来，钱学森给它取了个中文名，叫激光。”小芯解释道。

“原来是钱学森爷爷取的名字。”蛋蛋惊喜地叫道。

蛋蛋随后做了一个端枪瞄准的姿势，说：“我们射击队用的激光枪也可以叫作‘镭射枪’喽。”

“是的，蛋蛋说得对。”坐在一旁的蛋蛋爸终于开口说道，

“产生激光的方式有多种，你们射击队的激光枪使用的是半导体激光器，半导体激光器体积小、重量轻、功耗小、使用寿命长，特别适合安装在激光枪的枪管内。”

“爸爸，你作报告时用的激光笔里装的应该也是半导体激光器吧？”蛋蛋问。

蛋蛋爸点点头说：“是的。”

芯说

产生激光的装置叫激光器，常见的激光器有气体激光器、固体激光器和半导体激光器。用气体（如氦气、氖气等）产生激光叫气体激光器；用固体（如红宝石晶体）产生激光叫固体激光器；用半导体（如激光二极管）产生激光叫半导体激光器。

听到爸爸的回答，蛋蛋的眼珠子转了转，似乎有什么小心思。

第二天，南柯和阿呆来蛋蛋家玩，结果一进门就看到蛋蛋爸和蛋蛋在客厅大眼瞪小眼地对峙着，茶几上还放着一堆零件。

“他们这是怎么了？”南柯悄悄问小芯。

“蛋蛋把他爸爸工作用的激光笔偷偷拆了，结果装不回去，被他爸爸发现了。”小芯说。

阿呆听后哈哈大笑，说："蛋蛋喜欢拆东西的习惯怎么还是改不掉。"

蛋蛋看到好朋友在一旁看着他，便扭扭捏捏地说："爸爸，给我留点面子，别说我啦，南柯和阿呆还在呢。"

蛋蛋爸对这个爱动手动脑、时不时给自己添麻烦的儿子是无可奈何。他想了一会儿，说："既然如此，那你就了解得透彻些，不过记住不要对着眼睛摆弄！"

听到爸爸的话，蛋蛋开心极了，他对南柯和阿呆露出一个灿烂的笑容。随后他指了指茶几上的零件，把昨晚小芯告诉他激光会灼伤眼睛的原因讲给小伙伴们听，还说桌上的这堆零件中有半导体激光器。

南柯在仔细观察这堆零件后，问："我怎么没看到半导体激光器？这里面哪一个才是半导体？"

"这是激光二极管，它就是半导体。"蛋蛋爸在一堆零件中拿出一个小玩意说，"它是由半导体材料砷化镓制成的。"

"半导体材料一般不是硅和锗吗？"南柯不解地问。

蛋蛋爸耐心地解释道："半导体材料有很多种，不仅有硅和锗，还有砷化镓、磷化镓等。它们可以用来制造晶体管、芯片等，而半导体理论的基础就

是量子力学。”

原来，量子力学不仅解释了塑料、橡胶、玻璃、陶瓷等为什么被称为绝缘体，铜、铁、铝等为什么被称为导体；最重要的是，量子力学还解释了硅、锗等材料为什么被称为半导体，以及半导体的导电规律和原理是什么。正因此才有了半导体二极管、半导体三极管，进而发展为今天信息社会不可或缺的集成电路，也就是我们常说的芯片。可以说，没有量子力学，就没有现代科技。

经过蛋蛋爸一番耐心讲解，小伙伴们终于明白了——我们

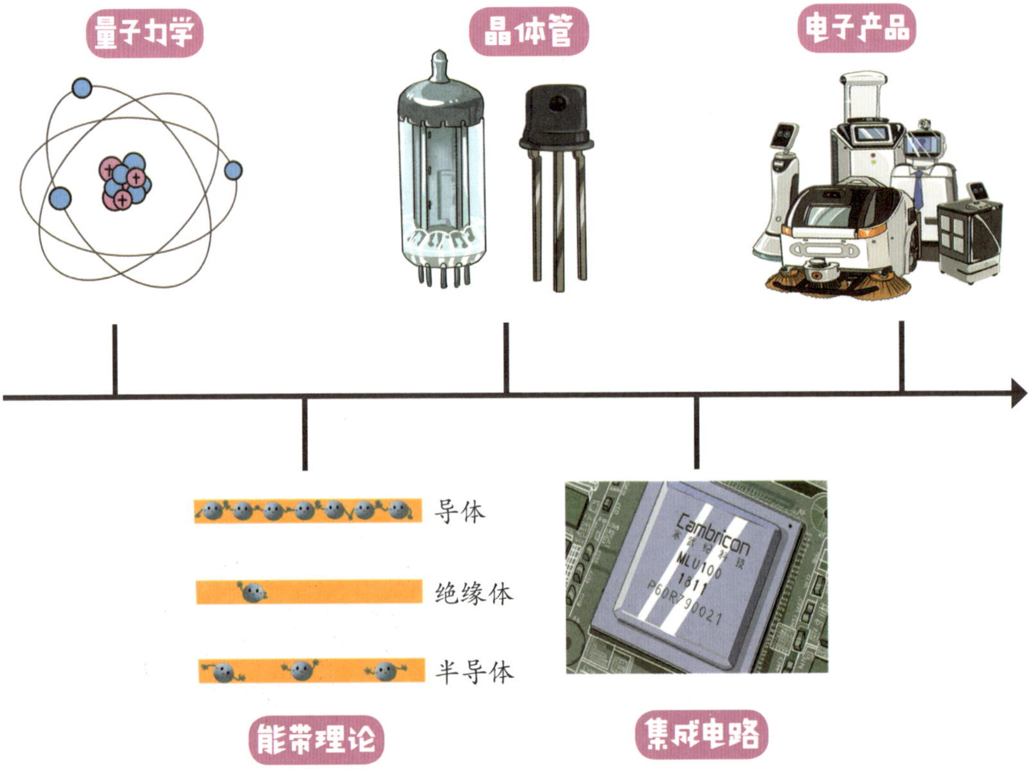

平日里用的手机、电脑等电子产品的“肚子”里都有芯片，而芯片与我们的生活密切相关。因此，假如有人要问高深莫测的量子力学在哪里？你完全可以这样回答他——你现在正沉浸其中。

说到芯片，南柯想到了一个问题：“叔叔，现在人们为了提高芯片性能，在芯片上集成的晶体管越来越多，晶体管的尺寸也越来越小，都快到极限了。这样下去晶体管的开关作用就快失效了。以后该怎么办？”

“唉……”此时，一阵叹息声传来。大家这才发现，这叹息声是小芯发出来的。难道无所不能的“智慧芯”有什么伤心事？

正当大家不解地看着小芯时，小芯用低沉缓慢的语调说出了芯片家族的苦衷与无奈——因为电子具有波粒二象性，所以当晶体管尺寸较大时，电子呈现出粒子性，粒子易被阻挡，晶体管就能起到开关作用。但是当芯片的集成度越来越高，晶体管越做越小，直至接近原子大小时，电子就呈现波动性，产生量子效应。在量子效应的作用下，电子能像水波那样绕过阻挡物，这样晶体管的开关作用就失效了，产生漏电流。这种现象叫作量子隧道效应。

小伙伴们心想：这是波粒二象性在作怪，让电子由粒子性变为波动性。这应该就是玻尔说的“互补原理”吧！

最后，小芯无奈地说：“这是硅材料芯片在发展过程中遇到的瓶颈。”

蛋蛋轻轻拍了拍小芯的脑袋，以示安慰，然后按照自己的理解，说：“量子隧道效应就像神话故事中的‘穿墙术’一样。”

蛋蛋爸笑着说：“宏观世界里可没有穿墙术。”

“量子真厉害，不仅会分身术还会穿墙术！”阿呆附和道。

南柯根据已经学到的芯片知识，说：“科学家现在正在努力寻找新方法、新材料，以便突破硅材料芯片遇到的这个瓶颈。”

小芯摆了摆短脚，称赞南柯说得好。

电子要越过势垒区这道“墙”，但电子具有波粒二象性，当其呈现粒子状态时，可以用经典物理学解释——要吃力地爬上“山”才能翻过去；而当其呈现波动状态时，可以用量子物理学解释——通过“山中隧道”，直接穿过，势垒区对其无阻挡。

这时，远处一座大楼上的钟响了几下，声音透过窗户传进大家的耳朵。

“小芯，这个大钟的时间与北斗授时的时间同步吗？”熟记北斗卫星知识的南柯问道。

“当然同步，而且那里面也有量子力学的应用。”小芯回答道。

“北斗授时与量子力学还有关吗？”阿呆问道。

“‘北斗三号’卫星上使用的是什么钟？”小芯问。

“铷原子钟！它三百万年才误差一秒呢！北斗卫星将星载

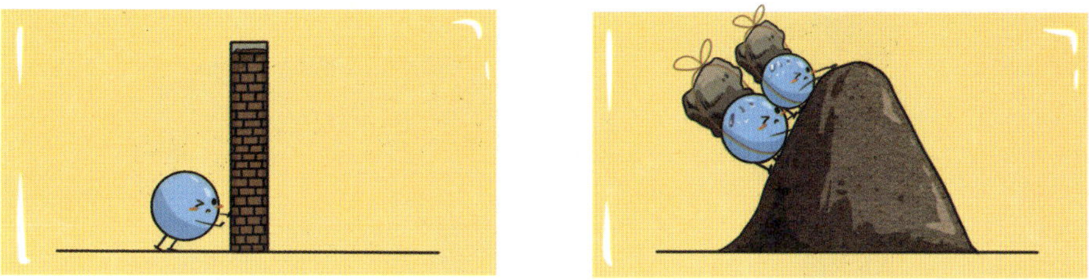

经典情况：当电子呈现粒子状态时，受到“墙”（势垒区）的阻挡，无法通过。如果要越过这道“墙”（势垒区），电子就要像抱一块石头翻山一样，克服阻力。

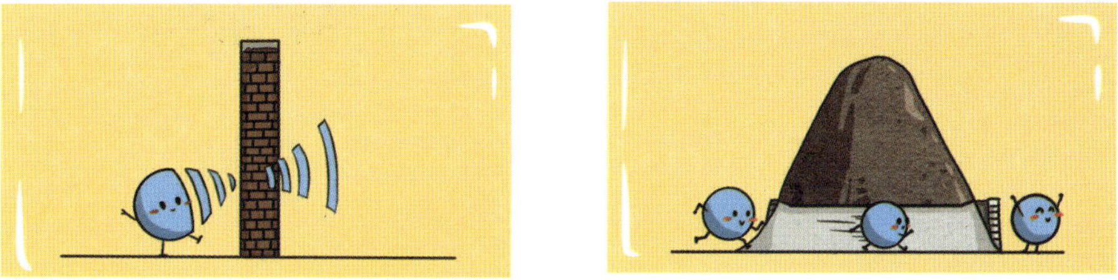

量子情况：当电子呈现波动状态时，电子就能穿“墙”（势垒区）而不受阻挡。这就像山体中有一条隧道，电子可以轻易横穿过去。

原子钟上标准时间的信息发播出去，地球上的相应装置接收后进行自主校正，才能实现时间同步。”阿呆抢答道。

“看来北斗卫星的知识没白学。铷原子钟工作就利用了量子力学原理。科学家发现，铷原子的电子在跃迁时，释放出的光子频率十分精确、稳定，于是便利用这点制作出了铷原子钟。就像教官喊口令‘一二一’，同学们根据口令调整自己的步伐，使步调保持一致。同样的，科学家利用光子的电磁波频率，去

影响一个叫振荡器的装置，使得铷原子钟产生高精度、高稳定度的时间。”小芯解释道。

原来，与我们的生活息息相关的时间背后也藏着量子力学！量子力学发源于20世纪初，在100多年的时间里催生了许多重大发明，如原子弹、激光、晶体管、芯片、核磁共振、全球卫星定位系统等。量子科技的发展具有重大科学意义和战略价值，会带来颠覆性技术创新，将引领新一轮科技革命和产业变革方向。因此，量子科技成为多国战略布局的重点领域。这其中具有代表性的便是量子信息技术中的量子通信和量子计算，这是各国重点要抢占的战略技术高地。

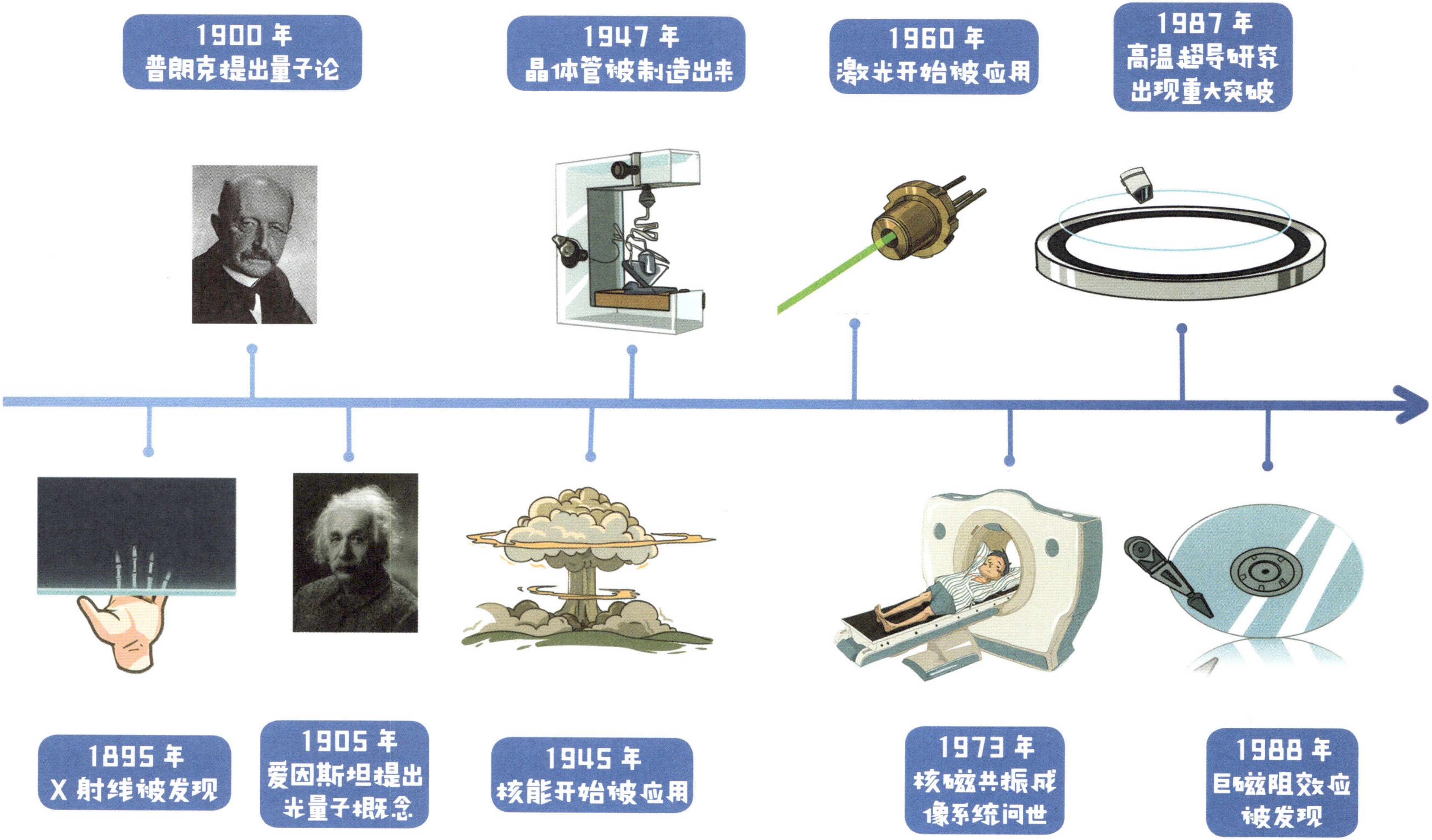

1895年
X射线被发现
1900年
普朗克提出量子论
1905年
爱因斯坦提出
光量子概念
1945年
核能开始被应用
1947年
晶体管被制造出来
1960年
激光开始被应用
1973年
核磁共振成
像系统问世
1987年
高温超导研究
出现重大突破
1988年
巨磁阻效应
被发现

第五章

神奇的量子通信

利用数学知识发现了纠缠态之后，聪明的物理学家又用巧妙的实验证明了这一惊人的现象确实会发生，而且还把它运用到了天地之间的通信上。

“鸽子还分为信鸽、广场鸽和肉鸽吗？”蛋蛋问。

“我还以为鸽子都一样呢。”阿呆说。

此时，蛋蛋、南柯和阿呆正站在一片绿色的田野上，围着一个人叽叽喳喳地讨论着。那人手里捧着一只鸽子。这只鸽子身体健壮，昂首挺胸，仿佛是在说，我是信鸽，一只不一般的鸽子！

那人就是正在训飞这只信鸽的养鸽人大林。所谓训飞，就是将信鸽带出鸽棚一定的距离后放飞。每次训飞的距离都不相同，一般从 10 千米开始，然后依次变为 20 千米、50 千米乃至数百千米。这主要是训练信鸽认家、归巢的能力。

为什么此时三个小伙伴会兴致勃勃地围观一只鸽子？那是因为他们所在的激光枪射击队在市激光枪射击比赛中获得了第二名的好成绩。眼下正值春季，春暖花开，蛋蛋爸决定带几个小朋友去郊外游玩，算是对他们的奖励。郊游途中，他们遇见了大林在训飞信鸽。

此时，大林正在向小伙伴们介绍怎样区分鸽子的种类。

肉鸽，也叫乳鸽、菜鸽，常在市场上见到售卖，特点是体形大，生长速度快，不能飞高，也不能飞远，但营养丰富；广场鸽是一种观赏鸽，其因羽毛华丽、颇具亲和力而博得了人们的喜爱；信鸽也叫赛鸽、竞翔鸽，它具有极强的归巢和辨别方向的能力。

肉鸽　　广场鸽　　信鸽

大林将手中捧着的鸽子高高举起，骄傲地说："你们看，我这只是信鸽。它参加过天安门广场的国庆阅兵仪式！当时，天安门广场上放飞了 10 万只鸽子。这些鸽子主要来自中国信鸽协会和养鸽爱好者。当征集到足够多的鸽子之后，就会送它们去检查、标记、消毒。通过正规的安检后，在阅兵仪式的最后，它们被集中放飞到天安门广场的上空……"

大林满脸自豪地说着他这只信鸽的辉煌历史，而他手中的信鸽仿佛知道主人在夸它，神气地抖动着羽毛，不断发出咕咕的叫声。

“那些鸽子放飞后不会到处乱飞吗？”蛋蛋好奇地问。

“不会，阅兵仪式上放飞的大多是经过特殊训练的信鸽，它们具有极强的辨别方向的能力，放飞后会自动归巢。”大林说。

“叔叔，在当前的信息时代还有人用信鸽传递消息吗？”蛋蛋问。

“飞鸽传书都是过去的事了，现在信鸽都是用来比赛的。”阿呆老练地回答道。

这时，蛋蛋爸插话道：“现在，信鸽除了比赛，在关键时刻仍承担着传递信息的重要责任。”说着，蛋蛋爸便讲起了 2008 年发生的汶川大地震。当时，灾区通信中断，最早去救援的解放军便是用信鸽向后方的指挥中心传递信息的。

小伙伴们听得目瞪口呆，没想到信鸽在21世纪还有这么大的用处。

告别了大林，蛋蛋爸和三个小伙伴继续向前闲逛，走了一会儿，蛋蛋突然嘟囔一句："信鸽飞得太慢了，如果我会'超远距离传物'的魔法，就可以瞬间把信息传送到指挥中心。"

南柯笑了笑，说："那你可得向量子好好学习，量子纠缠不就像'超远距离传物'那样吗？"

阿呆想了想，说："用量子纠缠来传递信息，那比光速还快！"

蛋蛋抬头，注视着天空，问："你们认为宇宙中有外星人吗？"

阿呆和南柯纷纷摇头表示不知道。

"我觉得我们可以派一艘飞船去看一看。"蛋蛋天马行空地说，"如果我把一个纠缠态粒子装进飞船，另一个粒子放在我的口袋里。如果在宇宙中发现外星人，飞船里的粒子就发送数字'1'，没有发现就发送数字'0'。我只要看看口袋里的粒子接收到的是数字'1'还是数字'0'，就可以瞬间知道飞船有没有发现外星人了。"

阿呆兴奋地说："那不就像玻尔先生打的比喻——光子宝宝之间有感应。"

这时，小芯从蛋蛋口袋里跳了出来，说："你说的这个方法行不通，因为不能利用粒子的纠缠态直接通信。”

“为什么不能直接通信？”小伙伴们齐声问道。

“你们知道量子叠加和量子坍缩吗？”小芯有意问道。

三个小伙伴想了一会儿，点点头表示知道。

于是，小芯解释说：“蛋蛋，你可以看到口袋里纠缠粒子的状态，但你无法判定这个粒子的状态是如何形成的。也就是说，粒子形成此状态有两种可能：一种是飞船上另一个纠缠粒子通过量子纠缠效应‘感应’过来的；另一种是由于你的观察，口袋里粒子的量子瞬间坍缩，从而形成眼前的状态，并不是由飞船里的粒子发来的信号导致的。”

确实，蛋蛋看到的结果，有可能是飞船里的粒子传过来的，也有可能是蛋蛋的观察造成粒子坍缩而产生的。所以，蛋蛋并不能通过这个方法确定飞船传送的信息。

“那该怎么办呢？”蛋蛋问。

“科学家想到了一个方法。”小芯笑着说，“当然，这个方法要用到许多知识，特别是数学知识，这超出你们的认知范围了，但我可以举个简单的例子帮助你们理解。”

“你就说吧，别卖关子了。”小伙伴们用期待的眼神看着小芯。

小芯摆了摆短脚，郑重宣布：“现在，我要把阿呆传送到天狼星上。”

阿呆感到十分新鲜，饶有兴致地问小芯：“天狼星在银河系中，你能把我送去那儿？”

小芯补充道：“你本人不需要去，只需要把你的信息传送到天狼星上。假如天狼星上存在天狼星人，那天狼星人就能根据这些信息再创造一个阿呆。”

蛋蛋朝阿呆笑嘻嘻地说：“要是你本人去了，说不定会被天狼星人吃掉。”

接着，小芯问大家：“谁还记得在学习5G知识时讲述的飞鸽传书的步骤？”

“我记得。飞鸽传书可以分为三步：第一步，写信人把写好的书信用绳子绑在信鸽脚上；第二步，放飞信鸽；第三步，信鸽飞到目的地后，收信人解开绑在信鸽腿上的绳子，取下书信，获取信息。”阿呆抢答道。

小芯点点头，说：“很好！对比飞鸽传书，我来解释一下如何‘传送’阿呆。假如现在有一个光子 C，光子 C 的量子态上录有阿呆的身高、体重、血型、相貌等信息。另外还有一对纠缠态光子 A 和光子 B，光子 A 在地球上，光子 B 在天狼星上。”

小伙伴们竖起耳朵仔细听着，努力跟上小芯的讲解进度——目前一共有 3 个光子，分别是光子 A、光子 B 和光子 C，其中光子 C 上录有阿呆的信息，就相当于飞鸽传书中要投寄的书信。

小芯接着说：“现在，我们把光子 C 与地球上的纠缠态光子 A 进行联合测量，这样阿呆的信息就能传送给地球上的纠缠态光子 A 了。”

这时，小伙伴们总结道：这相当于飞鸽传书的第一步——把书信绑在信鸽腿上。

忽然，阿呆慌张地问：“进行联合测量不就得观测，一观测不就会发生坍缩吗？”

“是的，联合测量后，光子 C 就会坍缩；地球上光子 A 的纠缠态也随即坍缩，而天狼星上的光子 B 也会立即坍缩成某种状态。”小芯点点头继续说，“所以，我们需要通过经典通信方式，例如无线电通信，把地球人联合测量的结果告知天狼星人。这样，天狼星人就有两条途径与地球人沟通，一条是通过光子的纠缠态沟通，另一条是无线电通信。”

这时，小伙伴们又总结道：这就是飞鸽传书中的第二步，但信鸽的飞行路线只有一条，而利用量子的通信方式是需要两条途径。另外，信鸽要带着信件亲自飞过去，但地球上的光子A并没有传送信息实体，传送的只是其量子态。

小芯接着说：“天狼星人探测自己手中光子B的状态并结合无线电通信传来的联合测量结果，再通过相应的操作，就能还原出阿呆的信息。”

听到这里，三个小伙伴异口同声道：“这是飞鸽传书的第三步——获取信息！”

最后，小芯补充说：“这种通信的方式叫作量子隐形传态。”

这时，蛋蛋爸插话道：“小芯讲得很好。但是，以目前的技术还不能传送人，未来靠你们了。”

光子 A：“我和光子 B 是一对纠缠态光子。我在地球上，它在天狼星上。当前，我们都处在叠加态。”

光子 C：“你好，光子 A，请帮我把阿呆的信息传递给光子 B。”

光子 A：“可以呀，但你要先把阿呆的信息给我……哎呀，我们被联合测量了，我坍缩后只有一种状态了！”

光子 C：“信息传给你了，我完成使命后就没有其他作用了。”

光子 A：“我一拿到阿呆的信息，就瞬间把信息传递给了光子 B。信息的接收和传递几乎是同时发生的。”

光子 B：“你好，光子 A！我收到了阿呆的量子态信息，另外，你坍缩了，我也跟着坍缩了。”

天狼星人：“为了再创造一个阿呆，我要把用无线电通信方式传递过来的联合测量的结果和光子 B 的状态结合起来——喂，现在听清楚了，联合测量的结果是……我再瞧瞧这光子 B 的状态……哇，阿呆‘复制’成功了！”

“我有一个问题，”阿呆急忙举手提问，“小芯，在我们的生活中有这种应用吗？”

“有啊。”小芯肯定地说，“为了我国量子科学的发展，国家投入大量资金，研制出世界上第一颗量子通信卫星——‘墨子号’量子科学实验卫星。这颗卫星有三大科学任务，其中两个是进行量子纠缠和量子隐形传态实验。”

听到“‘墨子号’量子科学实验卫星”这个词，小伙伴们都尖叫起来，因为这是他们熟悉的名字。在学习有关北斗的知识时，他们知道了人造地球卫星分为三类，“墨子号”量子科学实验卫星属于其中的一类——科学卫星。

“爸爸，你知道‘墨子号’量子科学实验卫星吗？”蛋蛋拉着爸爸的手问道。

“我当然知道了。”蛋蛋爸说，“‘墨子号’量子科学实验卫星是我国自主研制的世界上首颗空间量子科学实验卫星，其首席科学家是中国科学院的潘建伟院士。这颗卫星于 2016 年 8 月 16 日 1 时 40 分发射升空。潘建伟院士把天空和大地变成一个巨大的实验室，来帮助他完成实验。我们在北京兴隆、新疆南山、青海德令哈和云南丽江建设了 4 个量子通信地面站，在西藏阿里建设了 1 个量子隐形传态实验站，这 5 个地面站与‘墨子号’量子科学实验卫星共同构成天地一体化的量子科学实验系统。”

“哇，我们的科学家真了不起！”听完蛋蛋爸的解释，小伙伴们情不自禁地赞叹道。

蛋蛋爸也笑着说：“是的，借助‘墨子号’量子科学实验卫星，科学家取得了大量的实验成果，其中许多成果都领

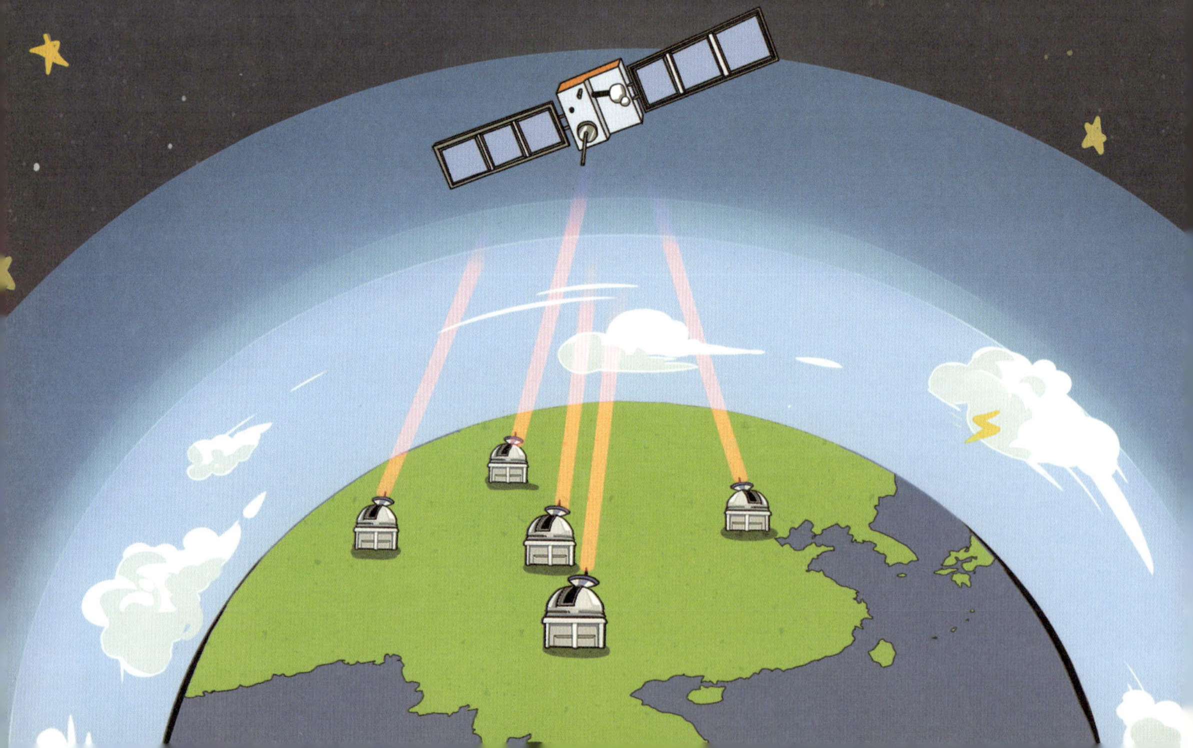

先于世界其他国家。例如，要让卫星发送的光子准确分发到地面站的天线上，就相当于从飞行的飞机上往下扔硬币，扔出的硬币还要准确地进入地面的一个存钱罐里。国外还在尝试中，可中国的科学家已经做到了！”

阿呆听完后想了想，说：“两地通信，应该要有两个存钱罐，一地放一个。”

蛋蛋爸点头表示同意。

看到孩子们听入迷了，蛋蛋爸趁热打铁，兴致勃勃地举了另一个例子——星地双向量子通信。

“当卫星距地面 500 千米且绕着地球高速转动时，地面上的人要探测到它发出的一个非常微弱的光子，难度就好比在地球上探测 38 万千米以外的月球上的一根燃烧的火柴。虽然这项工作很难，但‘墨子号’量子科学实验卫星做到了，它在国

际上首次成功实现了千米级的星地双向量子通信。它不仅在中国境内实现了 1200 千米的量子通信，还与距离中国 7400 千米之远的奥地利成功实现了量子通信。”蛋蛋爸情绪激动地说。

“为什么我国的量子科学实验卫星要叫‘墨子号’呢？”蛋蛋突然问道。

“这个问题问得好。把量子科学实验卫星命名为‘墨子号’是为了纪念中国古代伟大的科学家墨子。墨子设计了‘小孔成像’实验，是世界上第一个证实了光沿直线传播的人。”蛋蛋爸回答道。

“墨子号”量子科学实验卫星正是利用光子做科学实验的，看来这个名字名副其实！

蛋蛋爸看了一眼手表，笑着说：“时间不早了，我们该回家了。”

回去的路上，三个小伙伴欣赏着车窗外的美景：金色的夕阳，斑斓的云彩，不远处山脚下还有袅袅炊烟……实际上，蛋

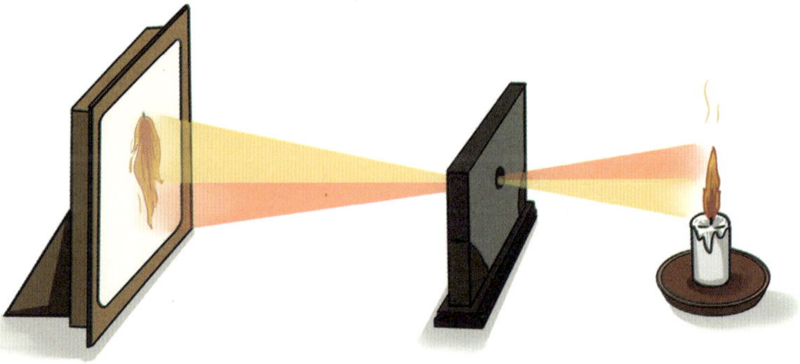

蛋爸有些意犹未尽，他边开车边说：“‘墨子号’量子科学实验卫星除完成了从地面到卫星的量子隐形传态和量子纠缠实验外，还完成了另一项重要的科学实验任务。”

还没等小伙伴们开口问是什么重要的科学实验任务时，小芯就抢着说：“量子密钥分发。”

量子密钥分发，这又是什么东西？三个小伙伴面面相觑。

“要想知道，且听下回分解，哈哈哈……”小芯爽朗的笑声随着春风飘向远方。

第六章

无法破译的密钥

“棱镜计划”是美国一项绝密的电子监听计划，可以监听全球的通信数据。因此中国要想保证信息安全，从根本上构建自主可控的信息安全体系已刻不容缓！

为了增强学生们的爱国意识、培养爱国主义情怀、让学生们走出课堂接受革命精神的洗礼，蛋蛋、南柯和阿呆所在的学校决定开展一次红色主题教育活动。“同学们，请排好队，我们马上就要进入蔡威事迹展陈馆了。”班主任挥舞着手中的小红旗，引导学生们排队。这是一座具有清代建筑风格的民居，展馆前的院子里矗立着蔡威的塑像。同学们驻足注视了一会儿塑像后便跟着班主任和讲解员走进蔡威事迹展陈馆。

“红军不怕远征难，万水千山只等闲……”一进门，大家就听到展陈馆大厅里播放的诗词。

“五岭逶迤腾细浪，乌蒙磅礴走泥丸。金沙水拍云崖暖，大渡桥横铁索寒。更喜岷山千里雪，三军过后尽开颜。” 没有人

指挥，学生们在展陈馆内氛围的感染下，不由得背诵起这首在语文课上学过的《七律·长征》。这是毛泽东主席在红军长征即将胜利时写的一首诗。随着响亮的背诵声，一幅幅波澜壮阔的画面在同学们脑海里浮现：四渡赤水、巧渡金沙江、强渡大渡河、飞夺泸定桥……这些豪迈的诗句，映现出当年红军在漫漫长征路上进行的一次次艰苦卓绝的战斗。

“欢迎同学们来到蔡威事迹展陈馆，很高兴为大家讲解……”讲解员站在队列前，热情地招呼着学生们。

经过讲解员的介绍，同学们了解到蔡威是红军无线电通信与技术侦察工作的创始人之一，是一位无名英雄。在艰苦的长征途中，蔡威随部队翻雪山、过草地，留下了许多可歌可泣的故事。

遵义会议结束后，中央红军仍处在敌军的围追堵截之中。毛泽东主席通过指挥四渡赤水战役展示了卓越的军事指挥才能。随着时间的推移，一段鲜为人知的故事浮出水面——1935 年 1 月 4 日，蔡威领导的电台小组破译了敌人的军事部署情报，随即报告给中央。当时，中央红军正处在最困难的时候，这份电报对中央红军取得四渡

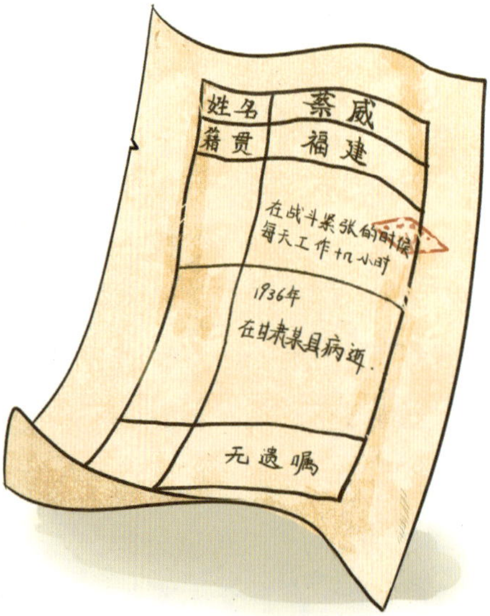

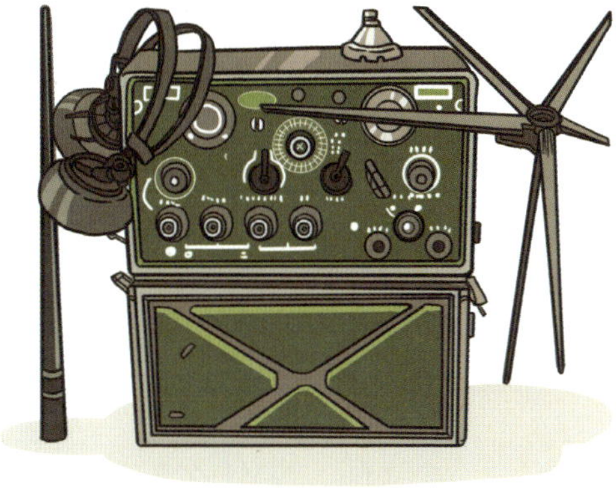

赤水战役的胜利，摆脱国民党军队的围追堵截起到了重要作用。

趁着讲解员说话的间隙，蛋蛋悄悄问阿呆和南柯："我知道无线电通信，但我不知道技术侦察是什么。你们知道吗？"

阿呆回过头小声对蛋蛋说："你没听讲解员说的有关蔡威的故事吗？技术侦察就是用技术侦察敌人情报。"

南柯没有加入他们的讨论，而是凝视着写有蔡威事迹的展板，自言自语道："蔡威竟然是红军的密码破译专家！"

阿呆用崇拜的眼神望着南柯，问："密码一定很难破译吧？"

南柯微微扬起下巴回答道："那是当然，这需要非常高超的技术。"

而讲解员接下来的一番介绍，正好回答了阿呆的问题——蔡威是如何破译敌人的密电的？

刚开始，蔡威是从敌人密电中的时间、地点等简单信息入手。在此过程中，蔡威要不断与自己已经掌握的情况进行联系，前前后后反复对照比较，一个字一个字地猜测，一句话一句话地推敲，慢慢判断敌人密电中暗语的意思。然后，蔡威再根据敌人密电中字符与字的关系，经过深入追踪、对照、判断，来搞清楚敌人密电的真实内容。通过一字一句破译，蔡威逐步摸清了敌军电台使用密码的规律，从而完整地破译了敌人的密电，并编写了一部无线电密码破译本。

“大家看，这就是蔡威破译的部分密电。”讲解员指着一幅图片说道。

“南柯，为什么左边四个阿拉伯数字能对应右边的一个汉字？” 阿呆看着密电问道。

南柯皱着眉头没有回答阿呆，心想：破译密码的奥秘到底是什么？

因为长期高强度工作，蔡威的身体十分虚弱。但是，形势紧张且战局复杂多变，蔡威不得不靠药物支撑虚弱的身体，昼夜不停地破译敌人的密电。1936 年，蔡威因积劳成疾不幸逝世，生命定格在 29 岁。

讲解员说到这里时，展厅里静悄悄的。蔡威的事迹深深地感动了在场的所有人，许多同学的眼里都含着泪水。

“蔡威这么伟大，为什么被称为无名英雄？”有同学举手向讲解员问道。

“是呀，为什么？”同学们的附和声此起彼伏。

讲解员不慌不忙地告诉了大家答案。

原来，自从加入中共地下党无线电训练班，蔡威就一直坚守着“隐蔽战线”的铁律——上不告父母，下不告妻儿，所以直到牺牲时也无人知晓他的身份。1985 年，当获悉在福建宁德找到了蔡威的后人时，徐向前元帅满怀崇敬之情，亲笔写下“无名英雄蔡威”几个大字。1998 年，蔡威的遗骸从甘肃岷县被迁回福建宁德。至此，在异乡沉睡了 62 年的无名英雄终于回到家乡。

同学们边走、边听、边看、边悟，心潮澎湃，被蔡威极富传奇色彩的一生和英雄事迹深深感染。最后，在老师的带领下，同学们在蔡威塑像前重温了加入少先队的誓言并发出“祖国放心、强国有我”的时代强音。

结束了一天的活动，在回家的路上，三个小伙伴还在讨论

蔡威是如何破译敌人密电的。

“南柯，我们看到的那个密电，左边四个阿拉伯数字为什么对应右边的一个汉字？”阿呆急切地重复参观时的问题。

“我也想知道。”蛋蛋附和道。

“我知道以前有一种密码，叫莫尔斯电码。它是用信号的时通时断来表达英文字母或数字，左边四个阿拉伯数字应该是莫尔斯电码表达的数字。”南柯说出思考后的结论，“但是四个阿拉伯数字与右边的一个汉字是什么关系，我也不清楚。要不我们回去问问蛋蛋爸和小芯？”

“好的。”蛋蛋毫不犹豫地同意了。

周末，阿呆和南柯来到蛋蛋家，蛋蛋爸已经知道孩子们的来意，笑着说：“南柯说的对。左边四个阿拉伯数字是接收的

莫尔斯电码，具体对应哪个汉字要查密码本，密码本事先已经约定好了左边四个数字与右边一个汉字的对应关系。”

“难道蔡威破译了敌人的密码？”阿呆叫了起来。

“是的。”蛋蛋爸点点头说，“这是一种早期的密码形式。”

“那现代的密码又是怎样的呢？”南柯十分感兴趣地问。

“我先给你们讲一个第二次世界大战期间破译密码的故事吧。”蛋蛋爸微笑地看着孩子们说。

第二次世界大战时期，德国有一种先进的潜艇称霸大海，多次给英国军队造成重创，但英国人只能眼睁睁看着，毫无办法。后来，英国军方聘用了“计算机科学之父”——图灵。图灵发明了一台叫作“炸弹机”的密码破译机，成功破译出德国海军无线电通信的密码。此后，毫无秘密可言的德国人在战场上节节败退，而他们一直不知道自己的密码被破译了。有历史学家认为，图灵发明的密码破译机让第二次世界大战提前结束了。图灵是用机器破译密码的第一人，之前破译密码全靠人工，方法就是一个字——猜。

这时，南柯问蛋蛋爸：“叔叔，战争中破译敌方密码很重要，那敌方肯定也在设法破译我方密码了？”

“是的。”蛋蛋爸说，“即使在和平年代，破译与反破译的博弈也一直在进行。”

“密码究竟是什么？难道就像手机锁屏密码一样，由几个

数字或者图案组成吗？”蛋蛋说出了心中的疑惑。

“那只是密码中的一些简单样式，高级的密码可是很复杂的。密码是一门学问，也称密码学。”蛋蛋爸说。

这时，小芯跳到客厅的茶几上，摆了摆短脚，说：“我这里有个小游戏，玩完这个游戏，你们就会知道什么是密码了。”

随后，小芯短脚一摆，茶几上出现了一个大箱子，箱子上还放着一块写着杂乱无章的英文字母的长方形布条和几根粗细不同的木棒。

“这是第一关。”小芯说，“打开这个箱子的密码就在这块布条上的英文字母中，下面开始解密。”

阿呆拿起布条，看着上面的英文字母念道："O、U、Y、I……这么多字母要怎么找，给点提示吧！"

小芯没吭声，而是朝着箱子上的木棒努了努嘴。

蛋蛋把这些木棒摆来摆去，绞尽脑汁想找到布条与木棒之间的联系。此时，南柯盯着那块布条自言自语道："为什么这块布条是长方形的？它不是正方形也不是圆形……"

"它要是再细一点就能当绳子用了。"阿呆边说边把布条往自己的手上缠绕了几圈。

"缠绕。"看到阿呆的动作，蛋蛋和南柯异口同声地说。说完，他俩似乎开了窍似的，一把夺过阿呆手中的布条，依次把布条缠绕在不同的木棒上。

"不是这根……也不是这根……是这根！"突然，南柯大叫一声。随后过了好长时间，南柯问小芯："箱子的密码是不是'YOU ARE IN DANGER（你正处在危险之中）'？"

小芯微笑着点了点头，说："恭喜你，答对了！"

阿呆凑过来看南柯手上的木棒和布条，只见杂乱无章的英文字母在某根木棒的帮助下，变成了一句完整的话。

“‘YOU ARE IN DANGER’叫作明文，明文就是没有加密的文字，一般人都能看得懂。布条上杂乱无章的英文字母叫作密文，密文是对明文加密后得来的，一般人看不懂。”蛋蛋爸解释道。

“哇，这种密码太神奇了，是谁发明这么有趣的密码的？”蛋蛋兴奋地问。

蛋蛋爸笑着说：“这种形式的密码还有个名字叫‘斯巴达棒’，可以追溯到公元前 405 年……”

公元前 405 年，雅典和斯巴达之间发生了战争。斯巴达不敌雅典，其统帅莱桑德便向波斯求援，波斯也同意出兵协助斯巴达攻击雅典。可是，斯巴达始终未等到波斯的援军。

一天，斯巴达士兵抓到一个形迹可疑的人。那人是个不会说话的乞丐，他身上系着的一条贵重的羊皮腰带引起了莱桑德的注意，乞丐怎么会有这么贵重的羊皮腰带？而且羊皮腰带上还写满了杂乱无章的希腊字母。后来，莱桑德无意中把羊皮腰带缠绕在剑鞘上，结果，羊皮腰带上面杂乱无章的字母竟有序地对接在一起，组成了一段文字。原来，波斯早已与雅典暗中合作，这个乞丐就是波斯的信使，正准备给雅典送一份情报——波斯准备出兵偷袭斯巴达。情报就写在羊皮腰带上，斯巴达根据这份情报马上改变了作战计划，最终击败了雅典与波斯的联军。这就是人类早期的加密器械之一——

斯巴达棒。

斯巴达棒的加密原理是把羊皮腰带缠绕在固定粗细的圆木棍上，然后在上面写字。羊皮腰带展开后上面只有杂乱无章的字符。如果解密时使用的木棍粗细不符，也无法解读上面的信息。在这里，将明文变为密文，称为加密变换；将密文变为明文，称为解密变换。通信双方约定好圆木棍的粗细，是加密和解密的关键。斯巴达棒加密和解密用的是同样粗细的圆木棍，因此圆木棍的粗细需要保密。就像开锁的钥匙，这个进行明文和密文变换的参数或法则被称为“密钥”。斯巴达棒的粗细就是所谓的密钥。

“密钥就像一把打开宝箱的钥匙，有钥匙的人，才能打开宝箱。在刚才的游戏中，我们找到了打开箱子的木棒，也就是密钥。”南柯说。

蛋蛋爸赞赏地点点头。

“下面进行第二关。请根据箱子上的字母解出箱子的密码。”小芯叫道。只见茶几上的大箱子里还装着一个小箱子，小箱子上有一行字母“KHOOR”。

三个小伙伴盯着这行字母，努力在脑海中搜索相关的英文单词。

“南柯，你英语好，这关交给你了。”无可奈何下，阿呆直接把难题甩给了南柯，但南柯想了许久也没有想出答案。最后，蛋蛋问：“我们可以请求场外援助吗？”

小芯听到后哭笑不得，但最终还是同意了。

蛋蛋爸作为场外援助嘉宾上场了，他宣布答案是“HELLO（你好）”。

“叔叔,你是如何把‘KHOOR’与‘HELLO’联系在一起的？我完全看不出来。”南柯有点摸不着头脑。

蛋蛋爸笑了，兴致勃勃地讲起了第二个故事。这个故事与古罗马的统帅恺撒有关。

公元前 58 年，古罗马统帅恺撒发动了一场征服高卢的战争。战争初期，罗马军团损失较大，因为其军事情报总被敌方截获。后来恺撒经过苦思冥想，发明了一种情报加密方法，使得情报即使被截获也无法被敌方破解。这种方法被人们称为“恺撒密码”。

恺撒密码是通过 26 个英文字母移位的方式进行加密的，即明文中的所有字母按照固定步数在字母表中向后或向前移动，移位后的字母表就是密文。例如，当向前移动 3 步时，明文的字母“A”就对应密文的字母“D”，明文的字母“B”就对应密文的字母“E”，剩下的可依次类推。

明文字母表：ABCDEFGHIJKLMNOPQRSTUVWXYZ。

密文字母表：DEFGHIJKLMNOPQRSTUVWXYZABC。

当我们需要给信息加密时，通过查找明文字母对应的密文字母，替换后就把明文变为密文了；解密时，反过来操作，就能得到原来的明文。例如，明文是“HELLO”，用恺撒密码加密，将字母在字母表中向前移动 3 步，“HELLO”对应的密文就是“KHOOR”。

听到这里，蛋蛋叫了起来：“我知道了，这个例子中向前移动 3 步就是密钥。”

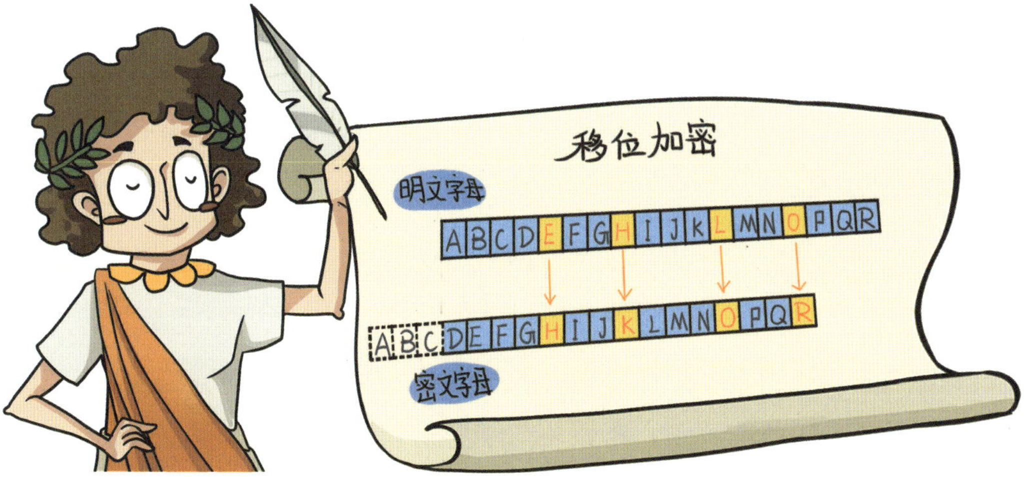

蛋蛋爸摸了摸蛋蛋的头，说："很好。现如今，随着计算机技术的发展，加密和解密的技术都大大提高了。而无论是计算机通信还是移动通信，它们都是把信号转换成以数字'0'和数字'1'排列的二进制序列信号。要实现保密通信，就要利用技术手段，将原来的二进制序列信号变成一堆乱码形成密文，即加密；到达接收端后，再利用相应的技术手段还原，即解密。其间密钥是最为关键的。"

"还是密钥最重要！有了密钥，双方就能够实现保密通信！"蛋蛋说道。

"密钥如果被别人截获了怎么办？"南柯又有了新问题。

"如果宝箱的钥匙被人偷了或者被别有用心的人多配了一把，不就随时可以打开宝箱，取走宝物了吗？"阿呆嚷嚷道，"如果我们给宝箱多准备一些锁和钥匙，经常换锁和钥匙是不是就安全多了？"

南柯想了想，说："经常给宝箱换锁和钥匙肯定要安全得多。因为即使有人偷盗钥匙，你换了锁，他手上的钥匙就没用了。"

蛋蛋想了一会儿，说："你们说的都对，可是这也太麻烦了。另外，我们要怎么通知对方我们更换了锁和钥匙呢？"

小芯看到大家积极讨论，十分高兴，说："密钥就像钥匙，掌握了密钥就能解密，密钥用久了容易被人破解。所以要想密钥安全可靠，通信双方就要经常更换密钥。”

“经常更换！我说对了！”阿呆高声喊道。

“你们想想，怎样才能可靠地把密钥传递给对方呢？”小芯问道。

阿呆抢答说：“可以用无线通信的方式告诉对方。”

小芯摇摇头，说：“使用无线通信容易被别人截获。”

“那就用有线通信，比如说通过光缆传递。”蛋蛋说道。

“光缆也不行。光缆里面传输的光信号由无数个光子组成，别人如果偷盗其中一些光子，不易被察觉。”小芯说。

“互联网传输也不安全。‘棱镜计划’的泄露，暴露了美国在秘密监听全球的信息。”南柯补充道。

蛋蛋有些着急，急忙问：“那应该怎么办？”

南柯想了想，说：“是不是可以利用量子通信传送密钥？”

“是的。”小芯边鼓掌边说，“量子通信是采用单光子传输，把信息加载到光

子上。也就是说，借助一个个单光子来传输信息。光子是最小的不可分割的，窃听者不可能把一个光子切成两半，也不可能把单个光子窃取出来。因为如果光子被窃取出来后，就没有光子到达接收方了。”

“如果窃听者窃取光子后，再复制一个光子放回传输线路上去，这样仍然会有光子到达接收方，而且接收方也不会察觉到光子上的信息已经被窃听者掌握了。”蛋蛋突然说道。

“对，制作一个复制品发给接收方。”阿呆附和道。

“这是不可能的。因为科学家已经证明不可能精确复制未知量子态。”小芯说，“而且，任何窃听行为都会对光子造成扰动，从而被通信双方发现，所以复制必然会被发现！”

“如果有人直接窃听，该怎么办？”南柯问。

“如果有人直接窃听，那么信息传输过程中误码率就会高于正常值，通信双方就会察觉到异常，然后弃用此次密钥，重新发送新密钥，直到正常为止。另外，量子通信采用‘一次一密’，即密钥是一次性的，用完就作废，下一次再用新的密钥。所以，从理论上讲，量子通信具有绝对的安全性。”小芯解释说。

蛋蛋若有所思地说：“看来量子通信的重点不在于‘量子’，而在于‘保密’。”

单光子传输。

单光子是能量的最小组成单元，不可能把一个光子切成两半。

如果窃取光子，接收端将无法收到对应光子。

窃听者无法精确复制光子，且会被发现。

光子既不可能被复制又不可能被分割，所以通信就安全了。

“利用量子通信传送密钥的方式叫作量子密钥分发。之前提到的‘墨子号’量子科学实验卫星，它的其中一项科学实验任务就是利用量子纠缠的原理，实现卫星到地面的量子密钥分发。”小芯补充说。

第二关在蛋蛋爸的帮助下顺利通过。蛋蛋打开第二个箱子，箱子里面放着一张纸条，打开纸条，上面写着“安全卫士——国家量子通信骨干线”几个大字。

“哈哈哈，小芯，看来你没有准备第三关的解密游戏。”蛋蛋笑着说。

“如果第三关与国家量子通信骨干线有关，我们可解不出来，蛋蛋爸也不一定行。”南柯打趣道。

蛋蛋爸急忙在一旁点头附和。随后，蛋蛋爸给孩子们简单介绍了我国量子通信骨干线——“京沪干线”。

这里的“京沪干线”可不是京沪铁路，它是连接北京和上海，贯穿济南和合肥，全长2000多千米的量子通信骨干网络，是世界上首条量子保密通信干线，于2017年9月正式开通。当月，中国科学家还与奥地利科学家进行了全球首次使用量子技术加密的洲际视频通话。

“京沪干线”通过地面站与“墨子号”量子科学实验卫星连接，成功组建了世界首个天地一体化的广域量子通信网络，实现了星地一体的大范围、多用户量子密钥分发，在政务、金融、中国初步形成了天地一体化广域量子通信网络雏形，未来以此为基础，推动量子通信在金融、政务、电子信息等领域大规模应用，建立完整的量子通信产业链和下一代国家主权信息安全生态系统，最终攻坚基于量子通信安全保障的量子互联网。

2013 年 7 月“京沪干线”项目立项 → 2016 年底实现全线贯通和星地一体化对接 → 2017 年 8 月完成全网技术验收

电力等行业和领域进行了大规模应用。

“将来等量子计算机研发技术成熟了，就可以建设量子互联网，量子互联网可是被称为绝对安全的网络。”蛋蛋爸说。

“量子计算机是什么？和普通计算机有什么区别？量子计算机能做些什么……”蛋蛋听完爸爸的介绍，一口气抛出好几个问题。

“据了解，量子计算机目前还处于研发阶段，我对这个领域也不是特别了解。”蛋蛋爸耐心地解释道，“不过，有一个人应该可以解答你的疑惑，我可以带你们去见他。”说完，蛋蛋爸对小伙伴们露出了一个神秘的微笑。

这个人是谁？量子计算机又将创造出怎样的奇迹？小伙伴们对接下来的日子充满期待！

第七章 量子计算机

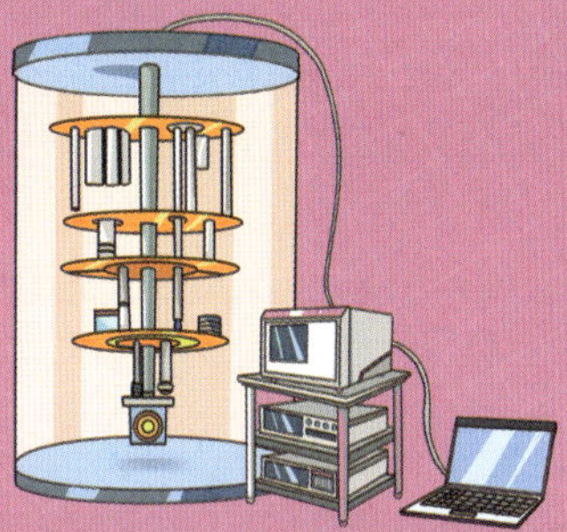

你知道“九章”光量子计算机、“祖冲之号”超导量子计算机和“本源司南”量子计算机操作系统吗？它们在国际上都大名鼎鼎。那么，量子计算机到底是什么呢？

周五下午的最后一节课快结束了，同学们早已收拾好书包，迫不及待地想要离开教室。随着放学铃声的响起，同学们便一窝蜂地跑出教室。蛋蛋、南柯和阿呆仍像往常一样，结伴回家。

“昨晚我做了一个梦，梦见一台好大的机器。”阿呆边走边说。

南柯感兴趣地问道：“什么样的机器？”

阿呆摇摇头，说：“不清楚，看上去是一个很厉害的机器。”

这时，南柯似乎想起了一件事，便转头问蛋蛋：“叔叔说要带我们去见一个人。你知道什么时候去吗？”

“我也想知道什么时候去。”阿呆附和道。

“我爸爸最近工作很忙，有时间了一定会带我们去的。”蛋蛋虽然嘴上替爸爸辩解，心里却在埋怨爸爸不守信用。

回到家后，蛋蛋做的第一件事就是问爸爸什么时候有空。蛋蛋爸一头雾水，随后在蛋蛋的提醒下，蛋蛋爸想起了答应带孩子们去拜访专家的事。于是，他立刻向儿子表示歉意，连忙说：“我马上就打电话联系专家。”放下电话后，蛋蛋爸说明天就带大家去见专家，蛋蛋脸上这才露出了笑容。

第二天，蛋蛋爸便开车带三个小伙伴去拜访研发量子计算机的那个专家。他在一所大学工作。这所大学三个小伙伴很熟悉，他们和蛋蛋的小表姐在这里学习了许多有关物联网的知识。

路上，望着车窗外宽阔的街道，坐在后排座椅上的南柯突然问蛋蛋爸："叔叔，人们为什么会想到研发量子计算机？"

正在开车的蛋蛋爸看了一眼坐在副驾驶位子上的蛋蛋，问道："你带小芯了吗？"

蛋蛋爸想让小芯来回答南柯的问题，然而蛋蛋摇摇头说：“没带。”

出门时走得急，蛋蛋忘了招呼小芯一起。无奈之下，蛋蛋爸只好找了个安全的地方停好车，自己来回答南柯的问题了。

“你们知道芯片发展遇到的瓶颈吗？”蛋蛋爸问。

“知道，就是会发生量子隧道效应。”爱抢答的阿呆说道。

“对，芯片集成度难以再提高，便限制了经典计算机运算速度的提升，这是其一。”蛋蛋爸说，“其二，算力需求剧增，像大数据、物联网、人工智能等都需要计算机有强大的计算能力。所以各国科学家都在积极寻求突破，其中量子计算机是各国重点关注的，我国也不例外！此外，我国还有一个必须解决的‘卡脖子’问题！”

“‘卡脖子’问题？”三个小伙伴吃惊地叫道。

蛋蛋爸讲了一个故事：改革开放之初，国内一家单位想进口一台运算速度达 400 万次每秒的计算机。然而外方提出要为这台机器建一间“玻璃房子”，中方人员上机操作，必须在外方的监控下进行。这件事深深刺痛了国人的心。

“只有掌握了强大的算力，中国在未来的科技竞争中才能立于不败之地！”蛋蛋爸说。

阿呆紧握小拳头说：“必须掌握核心技术，为此花再多钱都是值得的！”

见小伙伴们没有再提问，蛋蛋爸便继续开车上路。不一会儿，蛋蛋他们就到了专家所在的大学。

蛋蛋爸带三个小伙伴径直来到量子科技研究中心大楼。进入大楼后几乎没见到什么人，走廊里静悄悄的。

到了会客室，三个小伙伴终于见到蛋蛋爸口中的专家。他身材高大，相貌英俊，鼻梁上架着的眼镜也无法阻挡眼睛中透射出的睿智光芒。大家都叫他番老师，他和蛋蛋爸是大学同学，毕业后留校工作，现在的科研方向是量子计算机的研发。

“番老师，人我就交给你啦，几个小家伙问题可多了，我实在招架不住。”蛋蛋爸拍了拍番老师的胳膊，笑着说。

“看到对量子感兴趣的小朋友，我非常高兴。你就放心让他们跟着我，我会给他们介绍量子计算机的。另外，王老师那边还有事找你，赶紧去吧。”番老师说。

蛋蛋爸跟三个小伙伴交代几句后便离开了。蛋蛋爸刚走，蛋蛋就迫不及待地问番老师：“番老师，什么是量子计算机？”

“不急，你们先找地方坐下，我们从头说。”番老师边说边打开电脑，会客室的大屏幕上出现了番老师早已准备好的介绍资料。小伙伴们急忙找椅子坐下，认真地盯着屏幕看。

“量子计算机和经典计算机都是计算的机器，只不过工作原理和硬件不同。量子计算机是一种可以实现量子计算的机器，如果说具体一些，量子计算机就是一种通过量子力学规律，实现数学和逻辑运算、处理和储存信息的机器。”番老师解释道。

一通拗口的概念说下来，蛋蛋他们三个都不约而同地皱起眉头。番老师笑了笑，将屏幕上的幻灯片翻页，继续解释道：“我们先来了解二者的相同点。量子计算机和经典计算机一样，都是由硬件和软件组成的。硬件上，经典计算机的核心是芯片，量子计算机的核心是量子芯片；经典计算机要有主板，量子计算机则要有量子测控系统。”

蛋蛋从背包里拿出笔记本，在本子上写了一句话——量子计算机与经典计算机难道差不多？

番老师像是看透了蛋蛋的想法，接着说：“虽然量子计算机与经典计算机都是由硬件和软件组成的，名称里都带有‘计算机’几个字，但它们完全不同。若把经典计算机比喻成自行车，

那么量子计算机就是高铁，尽管二者都用于出行，但是出行方式、能够到达的距离有很大差别。”

听着番老师的讲解，蛋蛋在笔记本上画掉刚才写的那句话，然后认真地记下了量子计算机和经典计算机的不同之处——经典计算机是通过控制内部芯片上晶体管开或关来表达二进制系统的两个不同符号——数字“0”和数字“1”。二进制系统中的每个数字包含的信息都为1比特，比特是信息量单位。如二进制数0100所包含的信息就是4比特。量子计算机的基本信息单位是昆比特，又称量子比特。它以数字“0”和数字“1”来表示量子力学体系中量子的两种状态。如光子的偏振方向，水平偏振用数字“0”表示，垂直偏振用数字“1”表示。

番老师说着就站起身来，走出会客室，不一会儿手里拿着一根跳绳进来了。这是什么意思？难道是课间操时间到了，要跳绳？小伙伴们满脸疑惑地看着番老师，结果番老师并没有让大家跳绳，而是把手中的绳子甩动起来。

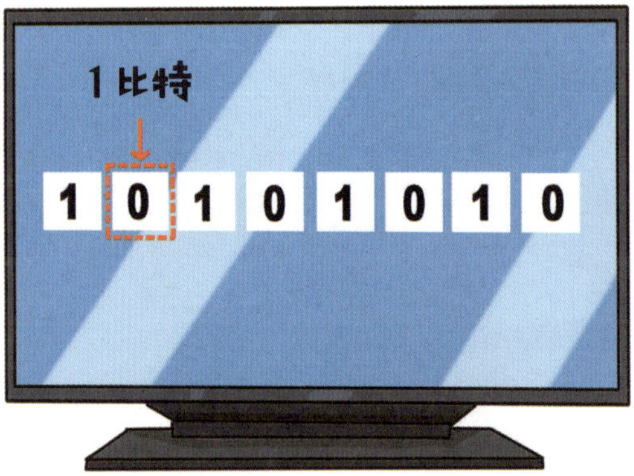

番老师一会儿左右甩动，一会儿上下甩动，同时还补充说：“光是一种电磁波，组成它的粒子叫作光子。就像我

手上这甩动的绳子一样，电磁波可以上下垂直振动，也可以左右水平振动，当然也可以斜着振动，振动的方向叫作偏振。我们可以把水平偏振表示为量子比特 0，把垂直偏振表示为量子比特 1。”

阿呆看番老师摆弄了跳绳好一会儿，便跑上前对番老师说：“番老师，您休息一下，让我来。”阿呆接过跳绳，一会儿使劲上下甩动，一会儿使劲左右甩动，中间好几次不小心被跳绳给缠住了，惹得番老师哈哈大笑。

又过了好一会儿，番老师突然问道：“小朋友们，刚才讲的这部分内容，你们能理解吗？”

蛋蛋举手回答：“我能理解。我觉得量子计算机在未来一定会大放异彩。”

番老师听后认真地点点头，接着说：“产生量子比特的方

式不同，就会有不同的量子计算机，如利用光子产生量子比特的叫作光量子计算机；利用一种叫‘超导约瑟夫森结’产生量子比特的叫作超导量子计算机。”

“可是量子计算机为什么比经典计算机的计算速度快呢？”南柯突然问道。

“这个问题问得好！”番老师向南柯投来赞许的眼光，“你们知道量子的叠加特性吗？”

“我知道，就像孙悟空使用分身术，能同时变出好多个孙悟空。”蛋蛋回答道。

“看来你们是有备而来，量子的知识了解得不少。”番老师笑着说，“经典计算机的 1 比特只能有一种状态——非 0 即 1。但量子比特可以处于叠加状态，也就是说，量子比特可以同时存在 0 和 1 两种状态。比如，经典计算机的 1 比特，只能是 0 或者 1 两种状态中的一种，2 比特只能是 00、01、10 和 11 四种状态中的一种，3 比特只能是 000、001、010、011、100、101、110 和 111 八种状态中的一种……而量子计算机可以同时存在多种状态。”

阿呆挠挠头，自言自语道：“这好像也不多。”

听了阿呆的话，番老师问：“你们听过‘棋盘麦粒’的故事吗？”

蛋蛋和阿呆纷纷摇头，见状，南柯立刻举手，说：“我知道，我来给你们讲……”

传说，印度的一位宰相发明了国际象棋，国王问他想要什么奖赏。他对国王说：“陛下，请您在这张棋盘的第一个小格里放 1 粒麦子，第二个小格里放 2 粒麦子，第三个小格里放 4 粒麦子，以此类推，以后每一个小格里的麦子数量都比前一个小格里多一倍，最终摆满 64 格棋盘，然后把棋盘上的所有麦粒都赏给我。”国王觉得这个要求很容易办到，便欣然同意。但最终，国王发现，就是把全印度甚至全世界的麦粒都拿来，也满足不了他的要求。因为摆满 64 格棋盘需要 18446744073709551615 粒麦子，以当时的农业生产水平，全世界需要 500 年才能生产出这么多麦子。

“就像南柯所讲的故事那样，乍一听，把麦粒摆满 64 格棋盘似乎很容易，但最终的结果远超人们想象。”番老师说，

“量子计算，就是直接利用量子力学的规律操纵数据的过程。例如量子叠加现象，1 量子比特可以同时处于 0 和 1 两种状态，操纵 1 量子比特的量子计算机就可以同时控制两种状态。当一个量子计算机同时操纵 n 量子比特时，它实际上能够同时控制 2n 种状态。”

南柯暗暗地想：这多么像棋盘麦粒的原理！

番老师进一步解释说：“经典计算机只能按照时间顺序，一步一步计算和存储数据。而量子计算机是同时计算和存储这么多的数据！”

蛋蛋和南柯心想：难怪量子计算机如此强大！

“现在的人们对经典计算机很熟悉，但很少有人知道它和量子计算机的区别在哪儿。简单来说，就是计算能力不同。理论上，拥有 50 量子比特的量子计算机，性能就超过目前全球

经典计算机　　　　量子计算机

最先进的‘天河’超级计算机；拥有300量子比特的量子计算机，可承载的数据将超过整个宇宙的原子数量总和。这是经典计算机无法比拟的！”番老师总结道。

“随着量子计算机的发展，未来破解密码将是轻而易举的事。你们今后要看好自己的钱袋子哟！”番老师边喝水边打趣道。

听到这话，阿呆摸了摸口袋，生怕手机的密码被人破解了。这时，传来敲门声，番老师笑着说：“带你们参观的人来了。”番老师话音刚落，一个女生推门而入。番老师介绍道：“这是跟着我学习的研究生小薇，待会由她带你们去实验室见识一下超导量子计算机。”

哇，要去看真的量子计算机！小伙伴们心里一阵激动。

与番老师告别后，小伙伴们迫不及待地跟在小薇身后走出会客室。在路上，小薇介绍道：“我们团队是研究超导量子计算机的，学校还有其他团队在研究光量子计算机。”

小薇走得快，南柯紧赶慢赶跟在后面问：“我们可以叫你薇薇姐吗？”

“当然可以。”小薇回头发现自己走得太快了，便主动放慢脚步，等小伙伴们一起。

“你们才这么大，就对量子计算机这么复杂的机器感兴趣吗？”小薇问道。

“薇薇姐，你可不能小瞧我们几个！我们已经掌握不少量

子方面的知识了。”阿呆原想挺着胸脯说，结果胸脯没挺出来，倒是把小肚子挺了出来。小薇看着阿呆的样子，忍不住笑了。

不一会儿，大家就来到了量子计算机的研发实验室。一走进实验室，小伙伴们立刻被眼前的景象惊呆了——房间的中央悬挂着一个金碧辉煌的“大吊灯”！这“大吊灯”非常豪华气派，是整个实验室里一道亮丽的风景线。

看到小伙伴们吃惊的样子，小薇赶忙解释道：“从现在起，你们要忘记电脑主机、显示屏等传统计算机才有的部件。”

这是什么意思？小伙伴们没听明白。

“你们眼前的‘大吊灯’就是超导量子计算机！”小薇说。

这“大吊灯”也是计算机？它长得也太奇怪了。大家刚想张嘴嚷嚷，但是见实验室里的人都在静悄悄地工作，到嘴边的话又咽了回去。

“你们觉得奇怪吧？这很正常。确实，它长得与我们平时见到的计算机完全不一样。”小薇说，“这是一台原型机，就是供研究用的机器。我们先来看墙上贴着的超导量子计算机示意图，对照这张图就会容易理解。”

有了实物和示意图对照，小伙伴们更容易看清楚了。

“看，量子芯片在最下方！”蛋蛋叫道。

“对，这个‘大吊灯’的最下方是最核心的地方，指甲盖大小的超导量子芯片就在里面。”小薇点点头说。

“那个稀释制冷机是干吗的？”阿呆问道。

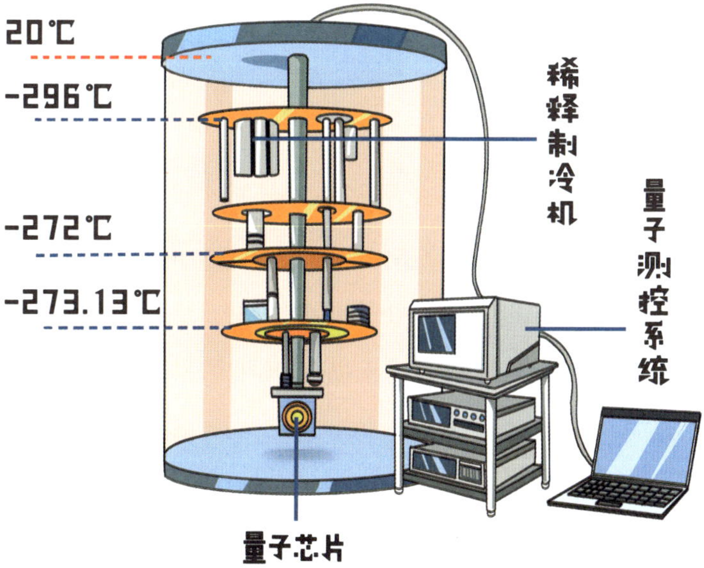

“稀释制冷机是用来降温的，使‘大吊灯’的最顶端到最下方的温度从室温 20℃骤降至 –273.13℃，从而为超导量子芯片提供一个适宜的工作环境。超导量子芯片只有在超低温环境中才能稳定地正常工作！” 小薇解释道。

“这个量子测控系统是干吗的？”南柯指着旁边架子上的仪器问道。

“量子测控系统是用于实现对量子芯片的控制与测量。在这里，我们可以通过宏观世界的电子系统对微观世界的量子进行操控。”小薇解释说。

蛋蛋看了看超导量子计算机示意图，又看了看眼前的“大吊灯”，说：“这么一个庞然大物，用起来多不方便。”

阿呆附和道：“是啊，如果能像现在的手机那样大小就好了！”

还没等小薇开口，南柯说话了：“七十多年前，世界上第一台通用电子计算机埃尼阿克可是占地 170 平方米。经过半个多世纪的发展，电脑才变成了今天的模样。所以，别看现在量子计算机这么大，将来没准可以放在口袋里呢！”

听了南柯的话，小薇赞许地点点头。

这时，门外有一个与小薇年龄相仿的男生朝小薇轻声喊道：“小薇，你能不能出来一下？”

小薇走出实验室后与那个男生小声谈论了半天。过了一会儿，她走进实验室对小伙伴们说："待会儿由外面那个男生带你们去他工作的实验室参观一下。他是我师弟，你们可以叫他小杨哥哥。"

三个小伙伴听后都非常开心。

到了小杨工作的实验室后，他自豪地介绍道："我工作的实验室主要担负量子芯片设计和量子计算机软件的开发。如果没有我这里的工作，你们薇薇姐的量子计算机也就无法工作。量子芯片具有承载量子信息处理的功能；另外，量子计算机和经典计算机一样，也需要运行操作系统，需要人机交互的界面。"

小杨介绍完实验室后便带着三个小伙伴转了一圈，这里除了电脑还是电脑，没别的。随后小伙伴们向小杨告别，准备离开。临别时，阿呆随口说道："薇薇姐的那个'大吊灯'很贵，别人一定买不起。"

"量子计算机不仅贵，而且对工作环境要求严苛。"小杨说道，"不过一般用户不用买，可以直接利用我们的量子云平台……"正说着，小杨的手机响了，他拿出手机接电话。小伙伴们从他的口中知道，这是一个用户打来的，在咨询接入量子云平台的一些问题。

原来，需要使用量子计算的用户可以通过网络远程接入量子云平台，共享量子计算机的量子比特资源，利用量子计算机的计算和存储能力，来解决经典计算机无法处理的难题。这也

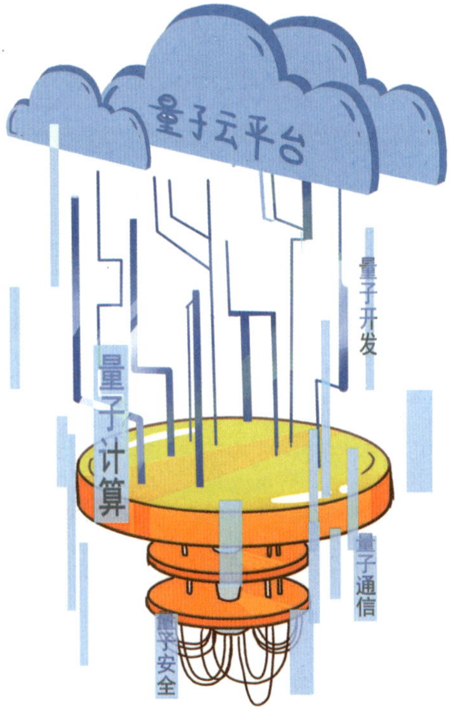

是量子计算机要具备的功能之一。

“哪些用户需要用到你们的量子计算机呢？”喜欢刨根问底的蛋蛋问道。

“挺多的。”小杨看了一眼蛋蛋说，“比如刚才那个用户是气象局的……”

“孩子们，该回家了。”小杨的话还没说完，就被蛋蛋爸的招呼声打断了。原来，蛋蛋爸办完事情后，与番老师、小薇一起找过来了。

“谢谢番老师，谢谢薇薇姐，谢谢小杨哥哥！”三个小伙伴与他们道别后离开了学校。

回到家后，蛋蛋兴致勃勃地向小芯讲述了参观量子计算机研发实验室的收获。小芯听完后说：“现在中国的量子计算机研发已经走在世界前列。但是，目前的量子计算机都是专用型量子计算机，只能执行专门的计算任务。各国的目标是研发通用型量子计算机， 可以执行通用化的计算任务。这是研究量子计算机的科学家和工程师的终极梦想。”

夜晚，蛋蛋坐在窗前，遥望着星空，心想：将来通用型量子计算机会是什么样呢？能放进口袋里吗？

这时，小芯从蛋蛋的口袋里跳出来，轻轻地落在他的肩上。蛋蛋看了看自己的“贴身”好朋友，问道：“小芯，你知道现在哪些用户需要用到量子计算机吗？”固执的蛋蛋仍然没忘记白天小杨没有解答的问题。

“现在量子计算机肯定不是家用计算机的首选。”小芯看着蛋蛋说，“夜深了，快去睡觉，以后有机会再聊。”

蛋蛋有些不情愿，但还是拗不过小芯，只能乖乖去睡觉。

第八章

未来可期

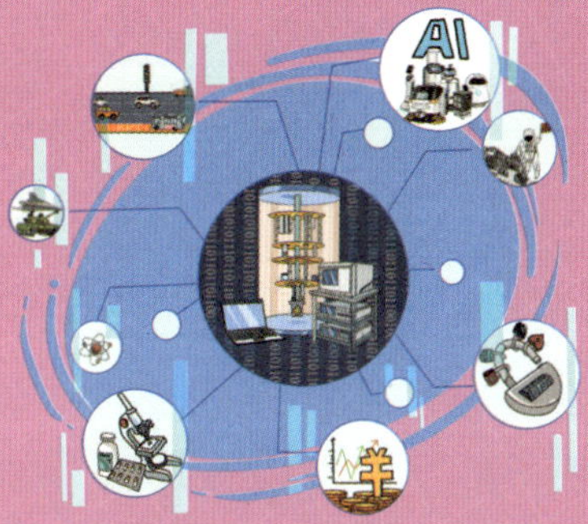

量子理论诞生已经有 100 多年，人们据此发明了激光、半导体等。现今除了量子通信、量子计算机外，还有许多可以应用量子的领域。但是，科学家对量子世界的许多奥秘，仍不知其所以然。

这天放学的时候，原本晴朗的天空忽然下起暴雨。路上的行人如四散的鸟兽，纷纷找地方避雨。蛋蛋、阿呆和南柯正好走到公园门口，三个人便一溜烟地跑进公园，来到凉亭里避雨。走进亭子，三个人你看我，我看你，个个像落汤鸡一样。

南柯用手抹去脸上的雨水，说："要是出门前看看《天气预报》就好了。"

阿呆咧着嘴说："是的。提前看《天气预报》，我们就不会淋雨了。"

听到"天气预报"几个字，蛋蛋便插话说："你们还记得前几天量子实验室的小杨哥哥说，气象局是他们量子计算机的用户吗？"

南柯有点纳闷地问："气象局用量子计算机干吗？"

这时，小芯从蛋蛋的口袋里探出头来说："嘿，你们好！"

"小芯，你跟我们说说，气象局为什么要用量子计算机？"蛋蛋迫不及待地问道。

"是啊，那天在量子实验室来不及问小杨哥哥了。到底是为什么？" 南柯也同样很想知道。

小芯从蛋蛋的口袋里跳出来，稳稳地落在凉亭中央的石桌上，随后便直奔主题开启授课模式。

"人类生活的地球被包围在一个复杂的大气系统中。最早人类主要是通过看云、辨风、识天象来预测天气；后来人类发明了许多天气监测仪器，如温度计、湿度计、雨量计、气压计等；再后来有了气象雷达等先进的仪器，但是预报天气仍然不够准确，误差很大。"小芯说。

"你们知道'蝴蝶效应'吗？"过了一会儿，小芯突然问道。

"我知道'蝴蝶效应'。"南柯像蝴蝶一样舞动着双臂说，"一只南美洲亚马孙河流域热带雨林中的蝴蝶，偶尔扇动几下翅膀，可以在两周以后引起美国得克萨斯州的一场龙卷风。”

“是的。这说明微弱气流扰动会引起空气系统发生连锁反应，从而给预报天气带来许多不可预判的影响。”小芯点点头说，“随着科学技术的发展，今天我们预报天气采用的是数值预报的方法。数值预报涉及大量的数学方程式运算，普通计算机无法承担，要用超级计算机才能胜任。”

“那还不如用量子计算机，量子计算机比超级计算机更强大！”阿呆嚷嚷道。

这时，蛋蛋和南柯同时冒出一个念头：难道这就是气象局要用量子计算机的原因？

“是的，将来用量子计算机预测天气，其结果会更加精准。预报天气是将来量子计算机施展身手的一个重要领域。”小芯显然是知道蛋蛋和南柯的想法。

“我预报——目前天气良好，已经出太阳了。”小芯突然叫道。

大家这时才注意到雨已经停了，太阳也出来了，天空中还出现一道美丽的彩虹。三个小伙伴离开公园，走在回家的路上，继续聊着刚才的话题。

“将来，量子计算机还会有哪些应用？”阿呆没头没脑地问了一句。

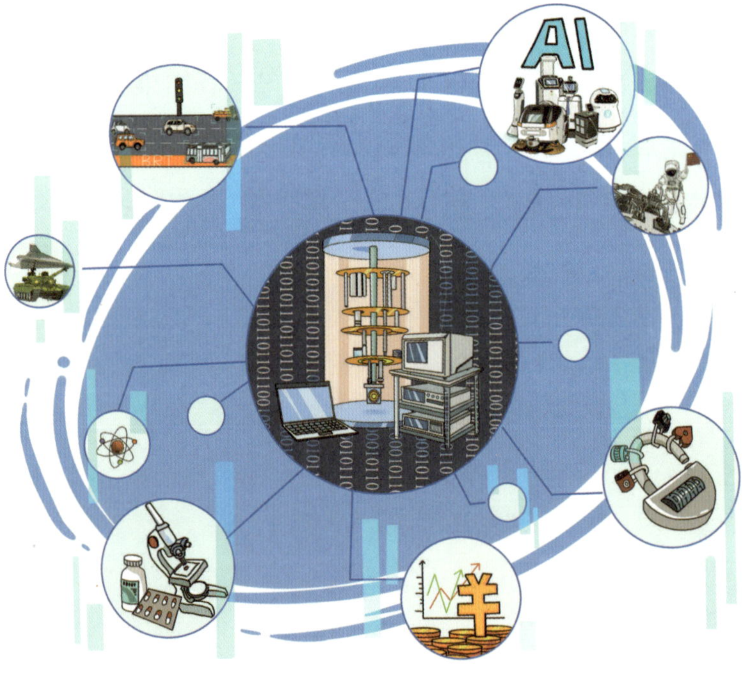

“量子计算机的应用领域多着呢！”小芯说，“在物理学、新材料学、生物化学等研究领域，量子计算机可以模拟其量子系统的运动与演化过程，探索其性质和规律；在医药研制领域，量子计算机可以帮助科研人员尽快找到对人类有用的药物；在大数据和人工智能领域，量子计算机可以助力大数据分析和机器学习。当然，在金融领域、密码破解领域、航天航空和交通领域等，量子计算机也大有可为。”

阿呆张开双臂，夸张地比画着说：“未来就是量子计算机的天下了。”

“现今，量子力学还带动了许多科技的进步。你们想知道吗？”小芯突然问道。

“当然想知道。”小伙伴们异口同声地说。

这时小芯不知从哪儿拿出一张纸，小伙伴们凑近一看，发现上面写着一个谜语：“没脚会走路，说话不用口；发出命令来，人人都遵守。（打一日常用品）。”

“球！”阿呆抢答道，但立刻又反悔了，“不对，球不会说话。”

南柯回答道：“是钟，看时间的钟。”

这时，远处传来钟声，似乎在提醒人们注意时间，但更像是配合小伙伴们的聊天。

“是的，正确答案是钟。”小芯笑着说，“在测量领域，采用量子精密测量，可以使得测量精度大幅度提升。我们以时间测量为例……”

“你讲的是原子钟吗？”蛋蛋突然插话问道。

“不是，这是比原子钟更精准的‘光钟’。”小芯回答道。

原来，现在研制的光钟采用量子精密测量，是在光波段运行的原子钟。它具有更高的精确度与稳定度，有望达到万亿年的误差不超过 1 秒。

听到这里，小伙伴们心想：从古代的日晷、沙漏，到近代的机械钟，再到现代的石英钟、原子钟，时间测量的精度在不断提升。正因此，我们才有了通信、导航等技术的发展，而光钟的出现也必将给人们的生活和科学研究带来更大的便利。

接着，小芯又举了一个量子精密测量的例子：过去，潜艇的导航问题一直困扰着各国海军。由于在水下接收不到卫星信号，潜艇下沉后就会失去导航定位信号。只得依靠传统的自主导航技术来导航，航行一天会偏离航线 1 千米左右。所以，潜艇不得不定期上浮，搜索卫星信号，修正航行方向。但是如果采用量子精密测量的自主导航技术，其精度在 24 小时内的定位误差仅有 1 米。这样潜艇就可以实现长时间完全自主导航。

“这对我国国防建设具有重要意义！”蛋蛋叫道。

“‘米’是国际单位制，国际单位制是国际通用的测量语言，是人类描述和定义世间万物的标尺。”南柯认真地说。

正当小伙伴们七嘴八舌讨论时，小芯做了一个“打住”的手势，示意大家停下。它指着天空说：“宇宙浩瀚无垠，人类的足迹已经踏上月球，人类的探测器已经登上火星，但还有无数秘密是人类未解开的。虽然现在量子力学已经应用在多个领域，也取得了一些成果，但是，量子世界还有许多未解之谜。比如说薛定谔的那只既死又活的猫，人们知道观测之前猫处于既死又活的叠加态，观测后才能看到真实的活猫或者死猫，观测决定了那只猫的死活。但是，‘观测’究竟发生了什么？迄

芯说

国际单位制有7个基本单位，分别是我们熟知的时间单位“秒”、长度单位“米”、质量单位“千克”、电流单位“安培”，以及我们不太熟悉的热力学温度单位“开尔文”、物质的量单位“摩尔”和发光强度单位“坎德拉”。这7个基本度量衡单位是由国际计量大会严格定义的。2018年，第26届国际计量大会正式通过决议，决定从2019年开始实施新的国际单位定义，将从实物计量标准转向量子计量标准，这标志着精密测量已经进入量子时代。

今为止，人们依然无法弄清楚。为此，我们出现了多维空间、平行宇宙等物理学问题和哲学争议。”

“这么说，薛定谔的那只猫如果在我们的世界死了，那么在另一个世界一定还活着。”蛋蛋显然为猫松了口气。

听到“多维空间”“平行宇宙”等科幻电影里常出现的新鲜词汇时，阿呆立刻来了精神，说：“小芯，你给我们再讲讲。”

“科学无止境，探索无止境！回家吧，我们有空再聊。”小芯并没有接阿呆的话茬。

三个小伙伴边走边想：就像宇宙有无数奥秘等待人们发现一样，物理世界的无数奥秘也在等待人们去探究。只要我们努力学习，将来也许我们就是诺贝尔物理学奖获得者！